新型水凝胶的结构和性能研究

梁 飞 著

吉林科学技术出版社

图书在版编目（CIP）数据

新型水凝胶的结构和性能研究 / 梁飞著 . -- 长春：
吉林科学技术出版社，2020.9
ISBN 978-7-5578-7524-4

Ⅰ . ①新… Ⅱ . ①梁… Ⅲ . ①水凝胶－研究 Ⅳ .
① TQ436

中国版本图书馆 CIP 数据核字 (2020) 第 176191 号

新型水凝胶的结构和性能研究
XINXING SHUINENGJIAO DE JIEGOU HE XINGNENG YANJIU

著　者	梁　飞
出 版 人	宛　霞
责任编辑	朱　萌
封面设计	李　宝
制　版	张　凤
幅面尺寸	185mm×260mm
开　本	16
字　数	110 千字
页　数	84
印　张	5.25
印　数	1-500 册
版　次	2020 年 9 月第 1 版
印　次	2020 年 9 月第 1 次印刷
出　版	吉林科学技术出版社
发　行	吉林科学技术出版社
地　址	长春市福祉大路 5788 号
邮　编	130118

发行部电话 / 传真　0431—81629529　　81629530　　81629531
　　　　　　　　　　　81629532　　81629533　　81629534

储运部电话　0431—86059116

编辑部电话　0431—81629520

印　刷	北京宝莲鸿图科技有限公司
书　号	ISBN 978-7-5578-7524-4
定　价	58.00 元

前　言

　　水凝胶是一些高聚物或共聚物吸收大量水分，溶胀交联而成的半固体。水凝胶的性质不仅与聚合单体和交联剂的性质以及聚合工艺条件有关，而且还取决于溶胀时的条件。根据水凝胶对外界刺激的应答情况，水凝胶可分为两类：一类是传统的水凝胶，这类水凝胶对环境的变化不是特别敏感；另一类是环境敏感的水凝胶，这类水凝胶在相当广的程度上对环境所引起的刺激有不同程度的应答，具有智能性。由于水凝胶的这种智能性，近年来对它的研究和开发工作异常活跃，成为当今研究的热点。

　　水凝胶是一些高聚物或共聚物吸收大量水分，溶胀交联而成的半固体。水凝胶的性质不仅与聚合单体和交联剂的性质以及聚合工艺条件有关，而且还取决于溶胀时的条件。根据水凝胶对外界刺激的应答情况，水凝胶可分为两类：一类是传统的水凝胶，这类水凝胶对环境的变化不特别敏感；另一类是环境敏感的水凝胶，这类水凝胶在相当广的程度上对环境所引起的刺激有不同程度的应答，具有智能性。由于水凝胶的这种智能性，近年来对它的研究和开发工作异常活跃，成为当今研究的热点。

　　在应用领域，单一网络结构的水凝胶已不能再满足需求，所以利用双网络或者多网络结构化设计增强水凝胶属性仍然存在很大的研发空间。开发并优化导电性、韧性、稳定性、自愈合性的主要挑战包括导电物种与水凝胶基质的合成、相容性和分布、以及材料的灵敏度和可靠性。简化自愈合水凝胶复杂的制备过程，提高修复效率，研发出能适合多种要求的水凝胶并使其应用于实际生活当中是我们的发展方向。尽管基于分子水平设计水凝胶结构有了实质的进步，但对于更精细的结构化设计与属性相关联的研究仍然有很大的挑战。因此为了更好地理解物质行为，还需要做更多的工作。

目　录

第一章　新型水凝胶的理论研究 ……………………………………………… 1

    第一节　PVA 水凝胶 …………………………………………………… 1

    第二节　各向异性水凝胶 ……………………………………………… 4

    第三节　超分子水凝胶 ………………………………………………… 10

    第四节　智能水凝胶 …………………………………………………… 16

    第五节　多肽类水凝胶 ………………………………………………… 19

第二章　新型水凝胶的结构 …………………………………………………… 24

    第一节　水凝胶的结构与应用 ………………………………………… 24

    第二节　明胶基复合水凝胶的功能 …………………………………… 27

    第三节　增韧水凝胶的功能 …………………………………………… 35

第三章　新型水凝胶性能 ……………………………………………………… 41

    第一节　PVA/PAA/Fe^{3+} 超分子水凝胶性能 ……………………… 41

    第二节　阳离子光敏抗菌型水凝胶性能 ……………………………… 44

    第三节　纤维素纳米纤维水凝胶的吸附性能 ………………………… 47

第四章　新型水凝胶的实践应用研究 ………………………………………… 53

    第一节　负载型聚丙烯酰胺类水凝胶的应用 ………………………… 53

第二节　聚丙烯酸系列水凝胶的应用 ·· 54

第三节　水凝胶在骨科中的应用 ·· 58

第四节　水凝胶在药物缓释中的应用 ·· 63

第五节　智能水凝胶在分离分析中的应用 ··· 67

第六节　水凝胶作为软质隐形眼镜材料的应用 ··· 73

参考文献 ··· 76

第一章 新型水凝胶的理论研究

第一节 PVA 水凝胶

聚乙烯醇水凝胶（PVA）的制备方法分为化学方法与物理方法。本节较全面地介绍几种 PVA 凝胶的制备方法，并进一步分析每种方法的优缺点。

水凝胶是一种亲水性聚合物，能够溶胀且保留大量的水并能维持三维（3D）网络结构。一般来说，水凝胶可以通过化学或物理交联。化学交联水凝胶通过共价键交联，在任何情况下不溶于水，而物理交联水凝胶在形状上是可逆的，因为它们是通过非共价键相互作用交联，如范德华力、离子相互作用、氢键或疏水相互作用，这些物理凝胶可以显示溶胶 - 凝胶可逆性。由于三维网络结构，水凝胶的分子量被认为是无限的。当外界环境发生微小变化时（包括 pH 值、温度、电场、离子强度、盐型、溶剂、外部应力或光），响应型凝胶能够可逆改变体积来响应。由于其独特的体积和表面性质，得到了广泛的研究。

聚乙烯醇水凝胶（PVA）以其无毒性，良好生物相容性，生物降解性，高机械强度等特点已经被用于药物传送装置、人工器官、伤口敷料、隐形眼镜、抗菌、皮肤护理系统，蛋白质吸附，蛋白质控制释放等领域，且经美国食品和药物管理局批准可用于临床应用。

一、化学交联法

最早发现聚乙烯醇水溶液凝胶化现象的是 20 世纪 50 年代的曾根康夫等人。随后，日本、美国等科学家相继采用各种方法制备 PVA 水凝胶。按照交联方式的不同，PVA 水凝胶的制备方法分为化学交联和物理交联。化学交联分为化学试剂交联和辐射交联。PVA 能被甲醛、乙醛、戊二醛、马来酸等双官能团试剂通过缩聚反应来交联，在原本独立的 PVA 链间形成缩醛结构的"桥"。

化学交联方法是采用醛类作为交联剂与 PVA 发生羟醛缩合反应。其中戊二醛是一种比甲醛或环氧丙烯酸酯更有效的交联剂，它能够产生更加紧密的结构而降低聚乙烯醇的溶胀率，同时交联效果也会比加热方法更好，所以戊二醛是一种十分理想的交联剂。

当戊二醛与 PVA 发生交联发生时，主要有以下列三种形式：①其中两个醛基都参加缩合反应并将两条 PVA 分子链连接起来；②有一个醛基与羟基完全反应，另一个羟基未完全反应；③只有一个醛基反应。Du 等人在 pH=4 的酸度下用不同含量的戊二醛溶液交联 PVA，然后将混合物放入不同形状的模具中反应一定时间，最后采用蒸馏水将样品洗至中性后干燥即得到含有少量水分子的交联 PVA，且在玻璃化温度 T_g 附近，该聚合物表现出良好的形状记忆性。DMA 结果表明，当戊二醛含量低于 3%（质量分数）时，随着戊二醛含量的增大 PVA 的初始存储模量逐渐降低，这是因为戊二醛的引入能够降低羟基的数目并减弱氢键间的相互作用。随着戊二醛含量的增大，PVA 结晶度逐渐降低，这主要是由于增多的化学交联导致自由羟基个数的减少并缩短交联点间的链长，同时也能钝化氢键的形成过程。

Tang 在制备好的 PVA 溶液中加入适当体积比的交联剂戊二醛与催化剂盐酸并充分搅拌混合，再将混合溶液进行电镀，电镀过程中 PVA 能够发生交联聚合而得到不溶于水的聚乙烯醇纤维。通过改变聚乙烯醇 / 戊二醛 / 盐酸三者的体积比，能够得到由珠状到均一结构的形貌。

Tsai 采用琥珀酸与戊二醛两步交联 PVA，首先利用琥珀酸与 PVA 发生酯化反应形成内部交联结构；再用戊二醛与未反应的羟基发生羟醛缩合反应，这时不仅能在膜表面形成密集结构也能形成疏水保护层。相比一步法交联的聚 PVA 膜，其表现出更加优异的性能。

PVA 也可通过具有光引发剂的紫外光，电子束，辐射等方式交联。相比化学交联 PVA，辐照方法能产生一种更加松散并开放的结构。这些方法的优点在于不会引入有毒的试剂。但用辐射交联法的 PVA 容易导致链断裂和枝化。辐射法制备水凝胶已经取得一定的成果，该方法能够灵活控制实验过程，并且可以得到不包含任何添加剂和交联剂的水凝胶，且在制备凝胶的同时也能起到灭菌消毒的作用。在辐照过程中高分子链间可以发生交联反应，化学交联结构的引入将大大提高水凝胶的稳定性。

PVA 分子链经过化学交联后，具有良好的化学、热力学及力学稳定性，所以很适合用于为水处理应用设计的压力驱动膜，如为了去除微粒物质、微生物细胞残留与浊度的微滤，去除有机分子的超滤，移除并软化小有机分子的纳滤，用于海水淡化的反渗透。PVA 膜的亲水性使其在废水处理中非常有用。它们也可用于产品回收和分离的有机化合物，并且 PVA 膜适合于脱水工艺。但当 PVA 凝胶被应用到上述工艺中时，为了减小其在水中的溶胀应该对 PVA 进行交联，同时通过交联能够提高 PVA 凝胶的机械完整性。

此外，热处理方法是利用高温能够引起不饱和键的断裂与化学交联，如将聚乙烯醇固体加热至 120-175℃ 并维持 30–80 min，再将产物制备成 RO 膜，结果表明经过加热处理后，盐与水对 PVA 膜的渗透性都急剧下降，这是因为加热能够使膜的结构变得更加紧密。

在一些特殊的应用中，PVA 被交联特别是在医疗方面和制药用途，化学交联通常会残留一些有毒的交联剂。通过化学交联得到的 PVA 凝胶已被广泛用于人工肾、胰腺、葡萄糖传感器、免疫隔离膜、人工软骨、接触镜头和药物输送系统等生物材料的研究。

二、物理交联法

制备 PVA 水凝胶最常用物理方法是冷冻 - 解冻循环法。1987 年，日本科学家 Masao 最早采用冷冻 – 解冻方法制备 PVA 水凝胶并申请专利。将 PVA 溶液或 PVA 与黏土材料的混合溶液注入模具进行冷冻，冷冻介质可以是冰——盐浴（23 : 77，-21℃）、氯化钙——冰（30 : 70，-55℃）、液氮（-196℃）等，冷冻温度不同也能够影响凝胶的机械强度。另外，冷冻模具也会对冷冻效果产生影响，模具可以选择聚乙烯、聚丙烯、聚四氟乙烯板等。冷冻速率可以分为慢速率（0.1–7℃/min）与快速率（7–1 000℃/min），同时研究发现，若冷冻不彻底则得不到理想形状的凝胶。

在 Masao 方法的基础上，日本科学家 Yokoyama 继续采用冷冻——解冻循环方法制备 PVA 水凝胶并从形貌、结构、结晶、拉伸性能等角度对凝胶进行研究。结果表明，该凝胶表现出橡胶般的弹性，凝胶内 PVA 结晶起到物理交联点的作用将无定形 PVA 分子连接起来。冷冻过程中 PVA 分子与水发生相分离，冷冻抽干除水后便可以得到孔洞结构。

20 世纪 70 年代，美国普渡大学 Peppas 课题组开始对 PVA 水凝胶性能进行研究，最初通过电子辐照 PVA 水溶液制备凝胶并利用 DSC 分析 PVA 结晶含量。1990 开始，Peppas 采用冷冻——解冻方法制备 PVA 水凝胶，并取得一些成果。

1992 年 Peppas 采用 15 w%PVA 水溶液进行冷冻——解冻循环制备凝胶，研究发现随着循环次数的增加，PVA 结晶含量增大，凝胶刚性增强，而且在循环过程中由于水被排挤出导致 PVA 分子链发生浓缩。

为了满足医学领域绿色环保的要求，1995 年 Peppas 采用冷冻——解冻方法制备聚乙烯醇膜。结果表明，该膜在三个月时间内保持形貌不变，六个月内会失去少量结晶，随着结晶含量的增大聚乙烯醇膜的模量也会增大。另外，聚乙烯醇膜可以用于分离膜，且通过改变聚乙烯醇结晶含量与网孔尺寸能够影响分离效果。

通常水凝胶吸水速率与机械强度是两个相对矛盾的问题，具有较快吸水速率的水凝胶其机械性能会比较差。Peppas 通过冷冻——解冻方法制备的 PVA 水凝胶由于聚乙烯醇分子的结晶而具有比较好的机械强度，但其吸水速率比较慢。为了改善这个问题，Peppas 将 PVA 与氯化钠一起溶解制备混合溶液。结果表明，PVA——氯化钠凝胶具有更快的溶胀速率及溶胀比，这是因为氯化钠能够破坏少量的结晶 PVA 分子，也就意味着凝胶内部物理交联数目可能减少，所以会具有更快的溶胀速率。另外，Peppas 特别研究冷冻——解冻 PVA 水凝胶中结晶的溶解过程。

2000 年 Peppas 通过 -20℃下冷冻 PVA 水溶液 8 h，25℃下解冻 4 h 制备 PVA 水凝胶，分别研究 PVA 分子量、PVA 质量分数及冷冻——解冻循环次数对凝胶性能的影响。研究发现，通过增多冷冻——解冻次数可以提高凝胶体系稳定性且易于医学领域的应用；采用偏低分子量的 PVA 能防止凝胶内部分子链的重排；提高 PVA 分子量及增多网络内部空间有利于次级结晶的增长。此外，Ricciardi 等人通过 XRD 测试对冷冻——解冻 PVA 水凝胶的结晶含量进行分析。

1990 年 Yokoyama 等人利用定向冷冻的方法制备了各向异性的琼脂水凝胶，并研究了它的微观结构及形态。同时发现，随着定向冷冻——解冻循环次数的增加，琼脂水凝胶的各向异性也逐渐增大。但是，Yokoyama 并未对该凝胶的机械性能进行研究。

2006 年 María 采用定向冷冻方法制备具有不同孔洞大小的生物材料——PVA-silica 凝胶。María 仅从该凝胶的结构进行研究，并未进行其他性能测试。

第二节　各向异性水凝胶

水凝胶具有类似于生物组织的富水结构，长期以来被认为是人工组织和器官的良好支架。在结构各向异性方面，大多数合成水凝胶与生物体系有本质上的不同。合成水凝胶通常由随机定向的三维聚合物网络组成，而生物系统是由有序分层单元组成的各向异性结构。这种各向异性结构在生物系统中发挥着重要的作用。在此背景下，各向异性水凝胶为探索水凝胶的仿生应用提供了一个切入点。本节论述了几种重要的各向异性水凝胶，包括具有定向纳米填料的各向异性水凝胶、具有定向聚合物链网络结构的水凝胶、具有定向空腔通道的水凝胶和具有各向异性微组装结构的水凝胶，介绍了各向异性水凝胶的用途和前景，特别是它们的制备、结构和应用。

水凝胶是一类富含水的由三维交联聚合物网络组成的软材料。水凝胶具有类似于生物组织的富水软结构，有望在生物医学中得到广泛的应用。如，水凝胶为细胞培养提供了平台，因此在基于干细胞的组织工程中发挥着关键作用。此外，水凝胶被认为是人工器官有前途的替代品。最近，关于聚合物网络结构的研究使得具有优异力学性能的水凝胶的合理设计成为可能，这使得实现再生医学应用的长期目标更加可能。

生物系统和合成水凝胶之间的相似性经常被强调，但值得注意的是它们的结构和性质有很大的不同。大多数水凝胶是通过聚合反应或在水介质中均匀溶解的分子组合而成，因此，合成的聚合物网络通常是各向同性的。相反地，许多生物系统具有明确的分层结构，这些结构在宏观长度尺度上具有各向异性，如，肌肉、皮肤和关节软骨。在生物系统中，各向异性在实现某些功能上往往发挥着至关重要的作用，包括传质、表面润滑和力的产生。一个典型的例子，肌收缩是肌动蛋白和肌球蛋白在肌肌节中各向异性排列的结果。并且，培养介质的各向异性结构对细胞的增殖、迁移和分化有很大的影响。

考虑到这些方面，各向异性水凝胶无疑为探索水凝胶的仿生应用提供了一个很好的切入点。到目前为止已经报道了各种类型的各向异性水凝胶。为了制备具有各向异性微观结构的水凝胶，最常用的方法是在前驱体弥散中定向 1D 或 2D 纳米填料，并通过凝胶化过程固定各向异性结构。同时，最直接的方法是用一直能够各向异性的方法来固定聚合物网络的链的方向式。此外，当水凝胶具有管道状的空隙时，这些管道的单向取向也会使水凝胶呈现各向异性。本节对最近报道的各向异性水凝胶的合成、结构和应用进行了分类和讨论。

一、各向异性水凝胶的制备

各向异性水凝胶的合成一般采用方向刺激，如，机械力、磁场和电场、温度梯度和离子梯度等。本节介绍这些合成方法的范围和局限性，根据水凝胶的类型应选择合适的制备方法。

具有定向纳米填料的各向异性水凝胶。当分散在水介质中的纳米填料被剪切时，纳米填料倾向于使其长轴平行于剪切方向。由此产生的定向结构不是永恒的，可以通过事先加入分散体的单体原位聚合转化为各向异性水凝胶。通过水凝胶化固定结构也适用凝胶的物理聚集。剪切力取向由于其简单、容易，已广泛应用于合成含有各种 1D 或 2D 形状纳米填料的各向异性水凝胶，包括天然或合成肽纳米纤维、纤维素纳米纤维、表面活性剂双层、无机纳米填料等。由于这种方法的局限性，剪切力不能均匀地施加在厚试样上，加工过程中偶尔会出现重复性低的问题，特别是手工施加剪切力时。

电场还可以永久地使纳米填料取向或诱导偶极矩与外加电场平行排列。各向异性水凝胶是由电定向分散体原位水凝胶合成的。特别是，微模式电极使定向纳米填料在水凝胶薄膜中的精确定位成为可能，从而提供其他方法通常难以获得的分层结构。需要注意的是，电场可能会引起不需要的电化学分解和电泳。为了避免这些问题，往往需要对电压、电流频率、试样厚度等条件进行优化。到目前为止，电定向法已经被用于合成含功能化碳纳米管、黏土纳米片、纳米银线、丝纳米纤维和钛酸钡颗粒的各向异性水凝胶。

与电场类似，磁场可用于制备各向异性水凝胶，其中，纳米填料的磁化轴与外加磁场平行或反平行。与剪切力和电场不同，磁场可以以非接触、非破坏性的方式施加，并且可以深入均匀地渗透到试样中。因此，磁性取向很容易应用于制备厚度较大或尺寸较大的体积各向异性水凝胶。当纳米填充物是铁磁性或顺磁性的，甚至是手持式的强度小于 1T 的磁铁场均可以有效地定向这种纳米填料。如，磁铁矿颗粒、钡铁氧体和羰基铁以及镍棒和磁性涂层氧化铝片晶。虽然这种弱的手持式磁体一般不足以定向抗磁性纳米填料，但超导磁体（强度达几特斯拉）可以有效地定向，如，肽纳米纤维、多糖、功能化碳纳米管、胶束、脂质双层、石墨烯氧化物、无机纳米薄片等。近年来，超导技术的进步使得这种强磁体易于获得，这种方法得到了广泛的应用。

即使在没有方向刺激的情况下，一些高纵横比的纳米填料在其水分散体的过滤过程中也会自发地进行定向，从而形成各向异性水凝胶。在这种情况下，取向是由纳米填料的固有特性引起的，即使其长轴平行于固液界面。

具有定向聚合物链网络的水凝胶。为了合成具有定向聚合物链网络的水凝胶，必须对未捆绑的聚合物链进行定向，这些聚合物链太小，无法对剪切力、电场和磁场的方向刺激做出反应。这里最常见的方法是机械变形凝胶网络。当由简单的聚合物链网络组成的各向同性水凝胶被单向压缩或拉伸时，凝胶网络相应地发生各向异性变形。可以通过原位聚合来固定由此引起的时间各向异性，从而得到各向异性水凝胶。在某些情况下，由于体系的塑性性质，压缩或拉伸引起的变形不发生原位聚合而保持原位不变。由于该方法的局限性，作为前驱体的各向同性水凝胶必须承受较大的力，才能使凝胶网络发生足够的变形。

作为一种替代方法，定向离子扩散也可以制备定向聚合物链网络的水凝胶。通常，容器中充满阴离子聚合物的水溶液，容器的一端与含有多价阳离子的水溶液接触，使阳离子定向扩散。随着扩散的进行，阴离子聚合物链呈各向异性交联，形成具有定向聚合物链网络的水凝胶。各种阴离子聚合物被用作这种网络的组成部分，包括多糖、海藻酸、海藻酸葡聚糖和合成的聚（磺酸）。如 Ca^{2+}、Zn^{2+}、Cu^{2+}、二价离子等作为它们的对应阳离子被使用。尽管这一合成过程简单，但扩散方向与聚合物链取向之间的关系尚未得到明确的阐述。此外，合成的水凝胶的交联密度是不均匀的，沿扩散方向呈梯度分布。

具有定向空腔通道的水凝胶。以定向生长的冰晶为模板可以合成具有定向空腔通道的水凝胶。当装满单体水溶液的容器从一端缓慢浸入液氮浴中时，单体集中在非晶区域，冰晶从浸入端单向生长。这些结构域内的单体可以高效聚合，冰晶作为多孔结构的模板。合成的水凝胶具有与冻结方向平行排列的微米级通道。由于通道相对较宽（几微米），因此生成的水凝胶是半透明的，且不均匀。不仅可以利用冰晶，而且可以利用醋酸钠晶体在室温下定向生长，作为定向空腔通道的模板，该方法合成的水凝胶往往表现出显著的各向异性。

具有各向异性微组装结构的水凝胶。本节主要介绍了自底向上方法合成的各向异性水凝胶。然而，最近的以光刻和 3D 打印为代表的自顶向下微加工技术也可以制备出与上述方法类似的具有复杂微观结构的水凝胶。尽管可伸缩性始终是个问题，但自顶向下的方法有时比自底向上的方法更具可编程性。

在光刻法制备中，含有单体和光引发剂的母水凝胶通过光刻掩膜暴露在光下，使聚合发生在选定的区域，具有较高的定位精度。不同单体的分步光聚合可形成相互叠加的具有复杂多微结构的各向异性水凝胶。

水凝胶 3D 打印技术可用于制备复杂形状的水凝胶。水凝胶前体油墨必须柔软，便于注射，但要保持其形状，必须能够独立，并能在光辐照等刺激下迅速凝胶化。当水凝胶前驱体包含高纵横比的纳米填料（纤维素纳米纤维）时，前驱体从打印机喷嘴挤出，纳米填料可以通过剪切力定。因此，可以得到独特的层次结构。

二、各向异性水凝胶的应用

许多天然组织都具有定向结构，如，肌肉、肌腱、神经、关节软骨、韧带、脊髓等，这与它们的生理和机械功能密切相关。在本节将讨论所选的各向异性水凝胶，在机械、驱动、传质、细胞培养和电导率等方面表现出的独特性能。

各向异性的机械性能。在过去的二十年中，已经开发出了许多机械韧性水凝胶，如，双网型、滑环型、黏土纳米复合水凝胶等。之后，机械各向异性成为该领域的一个重要挑战。评估水凝胶的力学各向异性的参数叫作各向异性系数，分别测量其平行于水凝胶方向和垂直于水凝胶方向的物理性质（弹性模量、最大断裂应力、应变及断裂能量等），两个方向的物理参数之比称为各向异性系数。

含有各向异性取向的一维和二维纳米填料的水凝胶也倾向于表现出机械各向异性。由于各向异纳米填料与凝胶网络之间的非共价吸引相互作用，以各向异性的方式使得交联点的数量增多，因此这种各向异性纳米填料通常用作水凝胶的增强剂。所以，强化优先发生在纳米填料的长轴上。如，Shikinaka 等报道了一种含有剪切流导向柱状无机黏土纳米管的水凝胶在拉伸试验中表现出 3.0 的模量各向异性。同样，西田文雄等报道了一种含有定向胶原纤维的水凝胶，经滚子剪切后，其模量各向异性可达 7。

关节软骨一直被认为是机械各向异性材料的理想模型。其优异的力学性能源于静电斥力，静电斥力在其组分（蛋白聚糖）之间各向异性作用，使接触关节组织的界面机械摩擦即使在高压缩下也能得到润滑。这种设计策略与大多数基于吸引力的合成固体材料的设计策略形成了对比。受关节软骨设计的启发，Ishida、Aida 等开发了一种带有钛酸盐离子纳米薄片的水凝胶，它具有磁性。与其他氧化物纳米片不同，钛酸盐纳米片与外加磁场垂直排列，形成纳米片的共面排列，可产生最大的静电斥力。在水凝胶中，各向异性静电斥力使摩擦沿一个方向衰减，同时增强与该方向正交的材料，导致力学各向异性。由于这种特殊的力学各向异性，水凝胶在平行于纳米薄片的振动方面表现出良好的性能。

各向异性的驱动性质。人工肌肉是材料科学的一个长期目标，水凝胶制动器被认为是最有前途的选择。当以响应外力的聚合物合成水凝胶时，周围水溶液（如温度、pH 值、化合物浓度）的变化会引起聚合物链的构象转变，导致凝胶网络的膨胀和收缩，进而引起水凝胶体积的变化。基于这一机理，目前已开发出许多水凝胶制动器。其中，聚（n- 异丙基丙烯酰胺）（PNIPA）是该类水凝胶制动器中研究最为频繁的构件，在 32℃ 左右的水中，其相变剧烈且可逆。

由于大多数水凝胶制动器在结构上是各向同性的，所以它们的体积变化在各个方向上都是一致的。这不适用于在一个特定方向上获得最大的力和（或）位移。要解决这个问题，一个简单的方法是使用机器工程技术。例如，双晶结构可以通过弯曲变形将小体积变化放大为大位移。虽然双晶结构的变形仅限于简单的弯曲，但最近的自顶向下的技术，如光刻和 3D 打印可以实现复杂的或程序化的变形。另一种方法是使用内部各向异性微观结构，这种方法是自顶向下方法的补充，对于下一代水凝胶驱动器的创建是不可缺少的。

在一项基于内部微观结构的各向异性水凝胶制动器的开创性研究中，Sun 等开发了一种 PEG-PNIPA 杂化水凝胶。利用冰晶的定向生长，在 peg 基水凝胶的定向沟道状空隙中形成了基于 PNIPA 的热响应网络。混合水凝胶加热 20℃ –45℃ 后发生各向异性收缩，在正交于定向通道的方向上，水凝胶收缩了 50%，而沿着通道的收缩只有 5%。这表明，基于 PEG 的支架在平行于通道的方向上限制了 PNIPA 网络的收缩。为了实现更复杂的变形，结合双晶结构和各向异性的微观结构是一种非常有效的方法，Studart 等证明了这一点。他们使用含有磁性取向氧化铝片晶的纤维素或 PNIPA 基水凝胶条作为双形态的成分，由于氧化铝片晶被超顺磁性氧化铁纳米颗粒以最佳比例覆盖，因此即使在非常弱的磁场（110 mt）下，它们也可以定向。氧化铝片晶的方向双晶水凝胶的上、下条带不同，导致其变形形态不同。通过系统地调整上下条带中片晶的取向角，对双晶型的变形模式进行编程，使其发生卷曲和左右扭转。

Mahadevan、Lewis 等利用 3D 打印技术成功开发出可编程仿生水凝胶制动器。如上所述，由于水凝胶前体中加入的纤维素纳米纤维在 3D 打印过程中是剪切取向的，因此水凝胶在微观结构上是各向异性的。当不同方向的水凝胶接触时，它们形成类似于双金属恒温器的结构。利用水凝胶的固有参数，如膨胀应变和弹性模量，可以对组合后的弦的变形进行预测和设计。随着膨胀程度的改变，水凝胶发生了各种程序性的变形，包括花的开闭样运动。Kumacheva 等利用光刻技术将平面水凝胶片转化为多个不同形状，其中涉及聚合物组成不同的多个域。水凝胶片在受到各种刺激（如，pH 值、离子浓度和温度的变化）后发生膨胀和收缩，表现为平面、螺旋、圆柱、弯曲和鼓形等不同形状。

水凝胶制动器通常是通过其体积的变化来操作的，这涉及水的吸收和释放。由于水凝胶表面输运缓慢，该机制存在驱动慢、重复性低、工作条件范围窄等局限性，通常仅在水中进行。2015 年，Ishida、Aida 等研制出一种各向异性水凝胶制动器，该制动器通过开发一种前所未有的机制，即调节内部静电斥力，解决了上述问题。水凝胶由含有磁性取向钛酸盐纳米薄片的 PNIPA 网络组成，在较低的临界溶液温度（LCST）以上加热时，PNIPA 网络发生脱水，释放大量自由水分子，导致共面取向纳米薄片之间的静电斥力陡增。因此，水凝胶在 1.5 s 内沿垂直于纳米板平面的方向膨胀了 170%。冷却后 1.5 s 内发生了相反的变化。这些变形是等容的，不涉及水的吸收或释放，因此即使在户外也可以快速操作。利用该系统的可编程性，利用倾斜几何形状的共面二维电解质纳米薄片还演示了一个水凝胶物体的单向处理运动。

各向异性的传质性能。由于水分子内部具有半流体性质，水凝胶允许小分子在水凝胶基质中扩散和渗透，通过凝胶网络的结构和性质可以合理调节水凝胶的扩散和渗透速率。这些特性使水凝胶成为各种生物医学应用的有希望的材料，包括作为膜、药物载体和组织工程的支架。基于这些方面，水凝胶的各向异性扩散问题无疑引起人们的广泛关注。

在一项开拓性的研究中，Schmidt、Finkelmann 等报道了在含有磁性取向层状溶性液晶的水凝胶中各向异性水扩散。溶解性液晶由水（约 60%）与 PEG 链和芳香基团（约 40%）组成的可聚合双亲分子（约 40%）混合而成。在磁场的作用下，液晶层垂直于所施加的磁场，随后两亲体的原位聚合制备了目标水凝胶。采用脉冲场梯度技术进行核磁共振波谱分析，确定水凝胶中水分子沿液晶层法线平行和垂直方向的自扩散系数分别为 0.4×10^{-10} m^2s^{-1} 和 5.3×10^{-10} m^2s^{-1}。水扩散的各向异为 13，说明在层间扩散优于沿层扩散。基于同样的技术，观察到水分子在另外两种水凝胶中的各向异性扩散，一种是含有磁取向六边形柱状溶性液晶的水凝胶，另一种是多糖硼砂水凝胶，多糖硼砂水凝胶被机械压缩以进行各向异性诱导。

核磁共振波谱可以用来定量评价介观尺度上扩散的各向异性，而宏观尺度上的各向异性则可以通过监测染料分子的扩散来实现。例如，Sun 等报道了一种具有定向沟道状空隙的 PEG 基水凝胶中，染料分子即使在厘米尺度上也具有高度方向控制的扩散，这是一种典型的力学各向异性水凝胶。该凝胶含有直径为 1 050 mm 的定向通道。当染料（罗丹明 B）的水溶液滴在水凝胶表面时，染料优先通过通道扩散。Zhang 和 Barrow 也做了类似的实验，他们从甲基丙烯酸低聚糖（乙二醇）中合成了一种具有定向沟道状空隙的水凝胶。

局部整体上浮破坏是指由于主楼及网点处相对周边地下车库未出现上浮，仅周边地下车库出现上浮隆起，根据各柱承载范围的不同，将框架柱和纵向梁的重力荷载简化为作用在底板上的集中荷载 40.95 kN；将顶板、横向梁和顶板上部回填土的重力荷载简化为顶板均布荷载，简化后荷载分别为 60.75、13.75、22.40 kN/m；将底板及底板回填土简化为底板上均布荷载，简化后荷载分别为 60.75、10.80 kN/m，分别计算不同工况下局部整体抗浮能力。

各向异性的细胞培养。水凝胶为再生药物、体外组织模型和药物输送载体提供了有前途的支架，因为它们很好地模拟了天然细胞外基质的富水、柔软和生物相容性环境。各向异性水凝胶是一种较先进的细胞培养基，因为其定向的微观结构可以影响细胞的行为，如黏附、增殖和分化。近年来，越来越多专为细胞培养应用而设计的各向异性水凝胶得到报道。

Stupp 等报道了由剪切取向的多肽双亲和丝组成的各向异性水凝胶中的细胞排列。将两亲性肽的水溶液从移液管中挤压到含盐介质中，形成面状水凝胶线，其中，两亲性肽的纳米纤维剪切方向可达厘米级。水凝胶可以容纳间充质干细胞，以添加到肽双亲的前体溶液。在合成的水凝胶中，胞体和丝状伪足被重新定向平行于肽双亲纳米纤维。同样，心肌细胞也被包裹在水凝胶串中。10 d 后，细胞的动作电位可检测到，并在整个宏观结构中传播，提示心脏连续合胞体的形成。该研究组还成功地将平滑肌细胞包裹在类似的各向异性水凝胶中，制备成适合动脉细胞支架的管状。同样，Nazhat 等使用剪切型胶原水凝胶定向培养成纤维细胞间充质干细胞。定向离子扩散合成的各向异性水凝胶也是独特的细胞培养基。Weidner 等使用各向异性的藻酸盐 Ca^{2+} 水凝胶定向控制轴突的再生。值得注意的是，各向同性水凝胶支架不能纵向再生轴突。

各向异性导电水凝胶可作为生物相容电极和导体应用。特别是近年来，其作为智能细胞培养基的应用备受关注，在智能细胞培养基中，细胞可以受到电刺激。Matsue、Khademhosseini 等报道了一种甲基丙烯酸凝胶基水凝胶，它含有碳纳米管（CNTs），通过施加电场，碳纳米管呈各向异性取向。水凝胶的导电性各向异性约为 40。作为骨骼肌细胞生长的培养基，垂直方向的 CNTs 水凝胶比随机方向和水平方向的 CNTs 水凝胶提供了更多的功能性肌纤维。另外，在定向的碳纳米管上施加电刺激可以促进细胞生长。这样的电刺激也增强了小鼠胚胎体的心脏分化。

作为一种更加面向工程的方法，Tang、Dokmeci 等还报道了一种含有定向碳纳米管微电极的水凝胶。在催化过程中，将硅片上的铁颗粒微图案生长成碳纳米管，然后将其整合成双形态水凝胶。然后，在水凝胶上培养心肌细胞，得到细胞水凝胶杂交，细胞组织均匀、细胞间偶联增强，成熟程度可达厘米级。因此，该混合材料对集成的碳纳米管微电极阵列提供的外部电场进行控制驱动。值得注意的是，激发阈值高度依赖于外加电场的方向；平行电场对 CNTs（0.8 V : 0.03 V）的阈值比垂直电场（3.7 V : 0.3 V）低 5 倍，因此各向异性导电水凝胶为组织再生和细胞治疗提供了非常有希望的平台。

越来越多的报道表明，各向异性水凝胶无疑已成为最重要的一类软材料。它们的合成和表征现已建立，并实现了与生物系统类似的各向异性性能，如，机械韧性、驱动、质量输运和细胞培养的使用。然而，对于它们潜在应用的研究，我们才刚刚起步。应该在以下方面进行进一步研究：

通过自底向上和自顶向下合成方法的组合，制备分层集成的各向异性水凝胶；

梯度结构各向异性水凝胶的合成；

水凝胶与包括有机凝胶在内的其他材料的各向异性杂交；

具有化学燃料的自主水凝胶制动器；

在各向异性水凝胶里的三维细胞培养。

第三节 超分子水凝胶

综述讨论了超分子水凝胶材料与常规聚合物水凝胶的比较、超分子水凝胶的优点以及超分子水凝胶材料构建模块等方面内容。超分子水凝胶比常规聚合物水凝胶具有更加优良的性质，具有响应性、可逆性、可调性等优点，同时氨基酸是构建超分子水凝胶最流行的模块。最后对超分子水凝胶的未来进行了展望。

超分子水凝胶材料主要是指通过小分子间的非共价作用而结合在一起的生物材料。超分子水凝胶材料通过分子的自组装形成具有有序结构的超分子，并被越来越多的应用在生物医学中。例如，Hamachi 和同事以超分子水凝胶为平台，结合不同的人工受体，开发了一类半湿式传感器芯片，它能够识别阳离子、糖类、阴离子荧光染料、磷酸盐衍生物、多胺和多元醇。Stupp 等使用 pH 值控制的自组装肽（PA）开发了一组具有良好生物学应用的超分子纤维 scaf- 折叠，如指导羟基磷灰石在体外模仿生物矿化或诱导祖细胞快速分化为神经元。2004 年首次报道了关于整合酶促反应和自组装的新进展，建立了超分子水凝胶材料在生物医学中的应用，如癌症治疗、感染性疾病和药物输送等应用。此外，除了对自组装药物分子的研究外，抵抗内源性蛋白质和新型生物功能材料 D- 肽的发展也取得了丰硕的成果。

一、超分子水凝胶作为生物功能材料

多聚水凝胶和超分子水凝胶。在对超分子生物功能材料的探索中，最为突出的一类功能材料就是超分子水凝胶。将超分子水凝胶与常规聚合物水凝胶进行比较，常规聚合物水凝胶是由大分子形成的，具有 3D 弹性网络的常规聚合物水凝胶能够通过表面张力和毛细作用力保持或固定住大量的水。根据交联性质，聚合物水凝胶可以进一步分类为 I 型和 II 型。I 型聚合物水凝胶是通过共价键连接组成的聚合物，通常是永久的和不可逆的，但是仍然可以具有一定的动态自由度。由于共价键交联，这种类型的水凝胶不能自我修复，并且 I 型水凝胶通常对外界刺激不敏感，这些缺点在很大程度上限制了 I 型聚合物水凝胶在生物医学中的应用。相比之下，II 型聚合物水凝胶易受外部刺激的影响，这种动态瞬变的性质使聚合物水凝胶能够自我修复，因此，II 型聚合物水凝胶在生物学研究中具有更广泛的应用。自 1955 年捷克化学家 Drahoslav Lim 和 Otto Wichterle 开发出第一种可用于生物医学应用的聚合物水凝胶以来，多聚水凝胶已经用于多种生物学领域，如超吸收材料、药物储存和生物医学递送、重构人造细胞外基质的支架、隐形眼镜工程等领域，这些聚合物水凝胶的应用范围仍在扩大。而超分子水凝胶是水凝胶在水中自组装形成的超分子"链"，纳米纤维或其他纳米级组装体作为水凝胶的三维网络来固定水。因此得到的水凝胶被命名为超分子水凝胶或分子水凝胶。在非共价键的相互作用下，超分子"链"，纳米纤维或其他纳米粒子自组装形成小分子是瞬态的和可逆的。与聚合物水凝胶中的交联不同，超分子水凝胶的纳米纤维之间的交联是非共价的。因此，超分子水凝胶通常是热可逆的或容易受刺激的。由于超分子水凝胶相比于聚合物水凝胶具有更加优良的性质，因此超分子水凝胶成了生物功能材料中举足轻重的一部分。

超分子水凝胶的优点。超分子水凝胶拥有非共价性，成了生物功能材料的重要组成部分之一，并且不断地被深入研究。分子自组装是分子在不受人类外力的介入下，自行聚集、组织成规则结构的现象。作为超分子化学中的关键概念，自组装主要基于分子之间的非共价相互作用，在这些非共价相互作用中，疏水相互作用对于水中的水凝胶自组装非常重要。

这种分子过程可以很容易地与各种生物系统中的细胞事件相互作用，从而得到各种全新的生物和生物医学应用。分子自组装的非共价性使得超分子水凝胶材料具有几个独特的优点。

响应性由于非共价相互作用的动态性，超分子水凝胶的生物功能材料对各种物理、化学或生物刺激都会做出反应，如温度、超声、光、磁场、pH、离子强度、氧化还原剂、配体——受体相互作用等。利用这一特性，不仅能够控制自组装和自拆卸过程，而且能够对外部刺激做出反应，还能够生产出化学、物理和生物传感器用于检测各种外部刺激。另外，水凝胶胶化的途径也十分重要，其中探索的越来越多的是配体——受体之间的相互作用。金属——配体相互作用是一种重要的配体——受体相互作用，Jong 和 Kim 设计并制备了一种基于 γ- 环糊精与偶氮染料的主客体相互作用的新型超分子水凝胶。由于含有 8- 羟基喹啉的偶氮染料也是金属离子的配体，因此金属离子导致了不同的结合模式，这是水凝胶中超分子组装的不同形态的转变原因。

可逆性由于非共价相互作用的瞬时性质，超分子网络能够在变形和破坏后恢复其机械性能。换句话说，瞬态特性赋予了超分子水凝胶材料的可逆性，这对于延长材料的使用寿命和提高材料的安全性和性能是至关重要的。例如，由 Schneider 等开发的两种肽 MAXI 和 MAXB 对机械剪切高度敏感，当暴露于剪切应力时，由 MAXI 或 MAX8 剪切稀化形成的水凝胶以非常低的黏度流动。超分子水凝胶的这种内在特性允许水凝胶通过注射器精确地递送到目标位置。均质的细胞分布和细胞活力不受剪切变稀过程的影响，并且水凝胶能够在引入点处重建并保持固定，因此这些水凝胶可用于将细胞递送至靶向疾病部位用于组织再生。

可调性为了调节共价聚合物水凝胶的力学性能，材料科学家通常根据聚合物凝胶的传统网络理论调节交联点之间的密度或距离。这种方法通过简单地改变自组装单元的浓度或分子识别基序的密度来对超分子水凝胶进行机械性质的调节。由于疏水相互作用是超分子水凝胶中最重要的相互作用之一，它比离子相互作用弱得多，所以芳香族和离子相互作用的结合将成为调整超分子水凝胶弹性的有效方法。此外，分子识别也能够增强超分子水凝胶的弹性。改变超分子材料结构单元的分子结构直接导致宏观性质如光学性质、细胞相容性和生物稳定性的变化，例如，通过利用非天然氨基酸如 D- 氨基酸来实现选择性靶向或增强生物稳定性。

生物相容性和仿生学生物系统非常复杂，但开发合成材料离不开它们，因为它们能够模仿自然界中生物材料的结构和功能。由于超分子水凝胶的网络在很大程度上依赖于小分子间的非共价相互作用，所以这种水凝胶通常是生物相容的，并且在大多数情况下是可生物降解的。这一特点使超分子水凝胶成为细胞培养和组织工程的优秀平台，例如可以模拟支持细胞存活的细胞外基质，辅助细胞黏附和分裂，甚至促进细胞增殖和分化。Ulijn 及其同事报道了使用水凝胶培养 2D 和 3D 细胞，结果表明，使用超分子水凝胶作为细胞相容的生物功能材料是可行的。

模块化和多种功能超分子水凝胶剂具有灵活的分子支架，能够结合多种功能实体来制造多功能生物材料。有趣的是，这些水凝胶剂可以与许多临床使用的用于生产水凝胶的药物缀合为"自递送"药物，从而消除了药物封装的步骤。在大多数情况下，用药物修饰自组装分子几乎不会破坏它们的自组装性质。通过合理的分子设计，自组装和药物分子的结合为临床使用的治疗剂提供了一种全新的产生方法，而且不影响药物的生物活性，实现了未共价包封的药物仍可能迅速散开，通过可生物降解的接头直接将疏水性抗癌药物喜树碱（CPT）掺入亲水性肽骨架中，以获得较高的定量载药量。除了掺入药物之外，掺入荧光团（NBD）以产生荧光水凝胶剂使细胞内小分子的自组装也成了可能。

二、由基本的生物构件组成的超分子水凝胶

氨基酸 - 超分子水凝胶材料最流行的构建模块。生命主要依赖非共价相互作用来维持生物大分子的 3D- 结构以及控制生物系统中的特异性结合和识别。这一基本事实为材料科学家提供了使用基本生物构建模块构建自组装分子以生成超分子生物功能材料的蓝图。与其他小型有机分子相比，使用统一的生命构建块更适合于生物医学应用。当然，这样的超分子生物功能材料的设计需要理解由这些基本生命结构块产生非共价相互作用的基本原理。以下部分使用由肽或肽衍生物制成的超分子水凝胶来说明来源于氨基酸的功能性生物材料的优点和多功能性。

分子设计的空间很大作为蛋白质的构建模块，氨基酸是生成超分子水凝胶材料的理想选择。首先，根据排列组合规则，22 个天然氨基酸与非天然氨基酸一起为产生自组装肽提供了巨大的分子空间。其次，即使是微妙的差异也会对自组装的能力以及随之而来的物理和生物特性产生深远的影响。例如，仅在一个甲基上不同的二肽 Ile-Phe 和 Val-Phe 显示出显著不同的自组装行为，前者能够形成由持续纳米纤维组成的水凝胶，而后者甚至不能自组装。第三，在肽末端和侧链上的羧酸（—COOH）、胺（—NH₂）和巯基（—SH）允许将各种小分子实体容易地结合到自组装骨架中，以产生更多样化的自组装分子。

易于合成固相肽合成（SPPS）的开发和肽合成仪的商业化大大减少了肽合成的负担。SPPS 是有上限的，其通常只能连接大约 50 个氨基酸，但通过使用天然化学连接法缀合两个寡肽就可以合成更长的序列。而且，肽的反应性末端（—NH₂，—COOH 和—SH）容易提供将一个或多个功能性基序结合到分子中的位点，从而提供具有进一步定制功能的缀合物。同时，在难以研究天然生物大分子的结构、组装和生物化学的情况下，合成肽衍生物的容易性刺激了合成生物大分子模拟物的发展。例如，糖生物学和糖化学中的合成是困难的，这就阻碍了糖生物材料的发展，但通过自组装肽，就能够通过使用小糖苷和氨基酸的缀合物的自组装来模拟糖蛋白和蛋白聚糖的功能。

手性的结构多样性除了甘氨酸（G）以外，所有的天然氨基酸都是手性的并且仅以 L-构型的形式存在。L- 氨基酸在自然界中形成 L- 肽，其在大多数情况下与细胞相容，因此

被应用于一系列生物医学当中，如细胞培养、组织工程和药物递送。由 D- 氨基酸组成的 D- 肽通常是抵抗内源性蛋白酶，并且可能对大多数酶不敏感，因此能够被应用于癌症治疗和免疫调节等领域。例如，萘基与 D-Phe-D-Phe 的结合提供了一个自组装分子，形成了一个水凝胶，该水凝胶能够抵抗蛋白水解，并且能够提供长期的生物稳定性。由该 D 肽衍生物形成的纳米纤维有效地抑制了胶质母细胞瘤细胞，但是对神经元细胞系表现出微弱的毒性。为了延长肽、蛋白质或抗体的寿命以维持其生物活性，Merrifield 率先开发了使用 D- 氨基酸（即逆反肽）的天然肽序列的类似物。逆向多肽，由反向序列中的 D- 氨基酸组成，尽管它们的末端羧基和氨基指向相反的方向，但它们具有和 L- 肽相似的侧链排列。如果小肽与靶标的结合不依赖于肽的二级结构，则其反向反转肽可能与靶标具有相似的结合亲和力。

多肽——完美的自组装骨架超分子水凝胶作为一种生物材料，是一种高含水量的非共价交联纳米纤维网络。考虑到蛋白质在水环境中会产生折叠，并且许多蛋白质能够自组装成更大的结构，它们似乎是开发水凝胶剂或前体的理想候选者。实际上，大自然早就使用蛋白质来制造了水凝胶，比如胶原蛋白就是其中一种。此外，蛋白质肽的片段适合于自组装，在自组装和水凝胶化过程中，肽骨架中的酰胺结构提供氢键供体和受体以促进分子堆积。小肽水凝胶的超分子纳米纤维的共同构象是 β- 片。例如，Zhang 等在研究来自酵母蛋白质的 Ac-（AEAEAKAK）2-NH2（EAK16）的序列时，观察到由相反的带电残基和疏水性残基组成的自补体肽的凝胶化。交替的丙氨酸（A）和谷氨酸（E）或赖氨酸（K）残基的模式促进了 β- 片的形成，其中疏水性和带电侧链指向肽骨架的相反方向，肽之间的氢键导致形成包含疏水性丙氨酸面和带电的谷氨酸或赖氨酸面的分子间片层。X 螺旋肽水凝胶化的例子很少，这需要更复杂的设计。例如，Woolfson 报道了基于具有纯 α- 螺旋结构的线性肽，合成设计并充分表征具有多于 99 个水的自组装肽水凝胶的第一实例，两个螺旋由 28 个氨基酸形成，彼此缠绕形成二聚体。目前发现某些细菌淀粉样蛋白是 x 螺旋，这意味着使用 α- 螺旋来产生超分子水凝胶应该是可行的。

终端或侧链模式肽的一个吸引人的方面是其 C— 和 N—末端以及具有—NH₂、—COOH、—SH 或—OH 基团的侧链，这些侧链易用于进一步的官能化。这样的缀合适应较宽范围的非肽类结构部分，并且不会损害肽优异的自组装能力。肽的修饰主要分为两类：一是为肽的自组装提供附加的定向驱动力；二是功能化肽而不妨碍其自组装能力。前者能够生成许多优良的超分子水凝胶或前体，如带有烷基链的肽两亲物或用芳香族基团修饰的肽。后者很容易在生物和生物医学领域找到应用。Stupp 及其同事率先开发了用自组装形成水凝胶的肽两亲物（PA）。Ulijn 等报道了小分子水凝胶剂之一的 Fmoc- 二苯丙氨酸的发展，其通过调节水溶液的 pH 或与其他水凝胶剂混合而形成水凝胶。天然存在的核肽已经通过连接核碱基和小肽来刺激自组装分子的发展，以增加氢键的相互作用。例如，核碱基与简单的二肽形成一组水凝胶或前体，通过适当的引发，这些核肽在水中自组装，以形成新型的超分子水凝胶，其不仅仅是生物相容的，而且还对蛋白酶显示出良好的抗性。将糖掺入肽骨架通常会增加肽的溶解度，从而降低了分子的自组装趋势，然而，其形成的超分子水凝胶可能具有生物相容性，因为它们类似于天然糖肽，并且应该易于酶促降解。利用糖、肽和核碱基作为生物大分子产生的基本构件启发了由糖、氨基酸和核碱基组成新类分子结合物的创造。令人惊讶的是，这些缀合物作为水凝胶剂，能够在水中自组装形成有序的纳米结构和具有多种功能的超分子水凝胶。

其他构建块核酸图案和糖类。核酸基序与超分子化学原理的结合提供了另一种强大的方法来制造具有生物学性质和功能的超分子水凝胶。例如，对 pH 敏感的鸟苷酰肼，作为一种优秀的水凝胶因子，能够形成一种稳定的超分子水凝胶。此外，具有由尿素接头连接的辛基脂质尾部的 2'- 脱氧腺苷在超声波照射下能够凝胶化。巴氏合金和同事已经开始发起了对糖基——核苷——脂质（GNL）两亲物的研究。2005 年，Barthelemy 报道了一种在糖环上连接着两个油链和一个葡萄糖的中性两亲物，证明了这种两亲物能够有效地与核酸双螺旋结构结合。最近，核酸的自组装分子在生物学和生物医学中发现了更多的应用。多糖，如藻酸盐这一组生物材料，已经发现了许多的生物医学应用，它们中的大多数能在温和条件下形成水凝胶，这在伤口愈合、药物递送和组织工程中都能得到应用。然而，对于小糖类超分子水凝胶的探索仍然较少，并且大部分糖类衍生的水凝胶都以脂质缀合物作为基础，例如 Thorton 等合成并表征了 3 个系列的甲基 x-D- 吡喃葡萄糖苷衍生物，它们大多数是优秀的水凝胶，能够形成不同的自组装结构，包括双折射纤维和小管。Wang 和同事也报道了基于 4，6-O- 苄基 -nea-D-methyl-glucopyranoside 的水凝胶剂，通过铜催化的叠氮炔 [3+2] 环加成，再将不同的糖类作为极性头连接到疏水链上。Oriol 等开发了几种糖脂水凝胶，在室温下自组装形成纤维状超分子结构作为稳定水凝胶的基质。Hamachi 等报道了由糖衍生物形成的超分子水凝胶的经典实例，在高浓度下，所得到的水凝胶对于不同的应用表现出足够的稳定性和机械强度，例如保持各种形状、充当凝胶胶囊，用作细胞培养平台，以及感测和靶向前列腺癌细胞。Wang 和同事将不同的糖与小肽（Nap-Phe）缀合为新型糖肽水凝胶，这种方法将多种类型的糖肽整合到一个单分子中，极大地扩展了超分子水凝胶的候选库。

超分子水凝胶利用生物构建模块，通过自组装和非共价相互作用构建了各种生物功能材料，为解决药物传送、生物医学以及其他领域的问题提供了无限的帮助。自然界展示了许多生物生存和繁荣的策略，实质上，这些策略在很大程度上都是分子现象，超分子水凝胶材料的进展将加深和拓宽对生物系统的理解，因此，超分子水凝胶材料无论是在发现问题还是在解决方案上，都会继续依赖生物系统作为灵感的来源。另一方面，对生物学理解的进步将推动超分子水凝胶材料的发展，也会带动生物医学的创新，这就是为什么超分子水凝胶材料能在超分子生物材料领域占据重要地位的原因。在过去的 30 年中，超分子水凝胶材料已经在生物医学中大放异彩，在未来几年，超分子水凝胶材料将成为制造生物功能材料的战略关键，这种材料将为生物医学和临床实践提供无限的机会和应用。

第四节 智能水凝胶

　　传统水凝胶因力学强度较差、功能比较单一，对外界变化不敏感，影响实际应用效果。智能水凝胶可随外界环境如温度、pH 值、电场、磁场、离子强度和溶剂类型等的变化呈现出智能响应特性，逐渐被应用于医药、农业、工业和食品等领域，是一类极具开发潜力的高分子材料。

　　水凝胶是指一类由物理交联或化学交联形成的三维网状聚合物，可以吸收大量的水并保持其三维结构，其交联度和组成结构分子的亲水能力决定了水凝胶的吸水膨胀系数。自从 1960 年 Wichterle 和 Lim 用甲基丙烯酸羟乙酯为原料成功合成了水凝胶，水凝胶的制备和研究进入了一个快速发展时期。1961 年美国 C.R.Rissell 等开始研究淀粉接枝丙烯腈制备水凝胶，随后 G.F.Fanta 等在此基础上进行研究并取得成功，而且在亨克尔股份公司（Henkel Corporation）工业化生产成功。1974 年，G.F.Fanta 等通过接枝共聚和水解糊化淀粉—丙烯腈合成超强水凝胶，该水凝胶的吸水量相当于本身重量的几百倍。

　　尽管如此，此类传统水凝胶存在力学强度较差、功能比较单一的现状，对外界环境的刺激变化如温度、pH 值、电场、磁场、离子强度和溶剂类型等不敏感。在吸水溶胀、形状等方面没有表现出智能响应特性，这在一定程度上严重限制了它的实际应用。

　　近年来，随着材料化学的快速发展，智能水凝胶的研发和制备发展迅速，它能够对外界环境的刺激变化做出相应的智能响应，并陆续被运用到医药材料、生物传感器、药物控制释放、污水处理和土壤保水改良等众多领域。如下就近年来智能水凝胶的研究进展和应用领域的研究情况进行综述。

一、智能水凝胶的分类

　　根据对外界环境的敏感响应程度，可以将智能水凝胶分为温度敏感性水凝胶、pH 敏感性水凝胶、电场敏感性水凝胶、磁场敏感性水凝胶和盐敏感性水凝胶等。

　　温度敏感性水凝胶。温度敏感性水凝胶是研究较为广泛的一类智能水凝胶。当外界温度发生变化时，水凝胶的体积、透光率等将发生智能响应，从而使水凝胶能够对外界环境温度的变化实现轻易控制。根据对温度变化响应的差异，可将温度敏感性水凝胶分为热收缩型水凝胶和热膨胀型水凝胶。前者在温度升高时溶胀率降低，后者则相反。

　　Jeong 等制备了聚乙二醇 / 聚乳酸共聚物温度敏感性凝胶，在高于体温的环境下与蛋白质药物进行混合，注射到人体内，当降到正常体温环境时，该共聚物由溶胶状态转变为凝胶状态，对蛋白质药物具有较好的包覆和缓释效果，因此主要运用于药物控制释放领域。Chen 等先将聚 N- 异丙基丙烯酰胺接枝到壳聚糖上，然后再与透明质酸复合交联，制得温度敏感性水凝胶。该水凝胶在 30℃左右表现出从溶胶向凝胶相的转变，经过细胞培养研究表明，此类水凝胶可以作为抗粘连屏障材料，是用于人体腹部手术后的理想医药材料。

pH 敏感性水凝胶。pH 敏感性水凝胶是由聚电解质构成的，含有大量可离子化的酸性或碱性基团的聚合物。环境中 pH 值的变化可导致凝胶基团离子化而形成内外离子浓度差，进而引发凝胶发生溶胀或收缩形变。pH 敏感性水凝胶是目前研究最为广泛的一类智能水凝胶，在药物控制释放、缓释领域有着广泛而重要的应用。根据水凝胶中 pH 敏感性基团的类型差异，可分为阴离子型、阳离子型和两性型 pH 敏感性水凝胶。

Lin 等采用湿相转化法，用多孔壳聚糖、三聚磷酸钠和硫酸葡聚糖制备具有 pH 敏感性的聚电解质复合物水凝胶微球，并将其应用到布洛芬的控制释放中。Wang 等用聚电解质壳聚糖和聚丙烯酸，制备了 pH 敏感的复合水凝胶，结果表明，用壳聚糖部分代替丙烯酸制备的这种水凝胶不仅具有明显的 pH 敏感性，而且也可以降低成本。刘炜涛等通过 L- 谷氨酸和甲基丙烯酸 -2- 羟乙酯部分接枝聚合，得到含有双键的聚 L- 谷氨酸，进一步与丙烯酸接枝共聚得到 pH 敏感性水凝胶，这种水凝胶在不同 pH 溶液中溶胀率最大相差 5 倍以上，呈现出明显的 pH 敏感性。

电场敏感性水凝胶。电场敏感性水凝胶是由聚电解质构成的一类共聚物，经电场刺激后会发生体积或形状方面变化，并伴随着电能到机械能的转化，在传感器、可控药物释放和人工肌肉等领域具有一定的应用前景。

Yao 和 Krause 制备了含磺酸基的对苯乙烯——乙烯——丁烯嵌段交联共聚物水凝胶，当给该水凝胶的盐溶液施加电场时，水凝胶呈现明显的电场敏感性。Kim 等将聚乙烯醇 / 透明质酸互穿网络水凝胶置于电场中，水凝胶的弯曲角度随着电解质 NaCl 溶液浓度增加而呈现先增加后减小的变化现象。Shang 等将两种天然聚电解质材料壳聚糖和羧甲基纤维素通过简单的溶液共混合戊二醛交联得到两性水凝胶，通过改变电场环境可以控制水凝胶向阳极或阴极弯曲。

磁场敏感性水凝胶。磁场敏感性水凝胶主要通过添加 Fe_3O_4、$CoFe_2O_4$ 等无机磁性粒子赋予其磁性响应特性。Satarkar 等将磁性纳米粒子 Fe_3O_4 负载到聚 N- 异丙基丙烯酰胺水凝胶中，获得具有温度 / 磁场双重敏感性水凝胶，然后用维生素 B_{12} 为模型药物在磁场条件下试验，发现水凝胶中的磁性纳米颗粒会产生热量，热效应使周围的凝胶基质温度升高，从而导致水凝胶体积发生变化，影响维生素 B_{12} 释放速率。Mahdavinia 等将含有磁性硅酸镁锂粒子的海藻酸钠和聚乙烯醇溶液混合，通过氯化钙和冻融循环实现双重交联，也制备出磁响应水凝胶。

盐敏感性水凝胶。盐敏感性水凝胶是随溶液中盐离子种类或浓度变化发生溶胀或收缩行为的一类智能水凝胶。Zhang 等以丙烯酸和玉米糠废弃物为基本原料，以 2，2- 二甲氧基 -2- 苯基苯乙酮和过硫酸铵为复合引发剂，以 N，N' - 亚甲基双丙烯酰胺为交联剂，通过紫外照射辐射交联共聚制备得到复合水凝胶。当盐溶液浓度低于 0.05mol/L 时，水凝胶在不同盐离子溶液中的溶胀率顺序为 KCl > NaCl > NH_4Cl > $AlCl_3$ > $FeCl_3$ > $MgCl_2$ > $CaCl_2$。Lin 等以醚化海藻酸钠、丙烯酸钠和聚乙烯醇为原料，采用水溶液聚合法制备出盐敏感性水凝胶。

二、智能水凝胶的应用

除具有传统水凝胶良好的吸水性、保水性和可降解性等特点外，智能水凝胶还具有优良的缓释性、生物相容性及外环境响应特性，从而在医药、农业、工业和食品等领域有着广泛的应用，是一类极具开发潜力的高分子材料。

在医学领域方面的应用。智能水凝胶与人体血液、体液和组织接触时具有良好的生物相容性，容易被降解，因此被广泛应用于生物医药、人体组织工程等方面，用作药物载体、缓释剂或医学黏合剂等。Wang 等以 KGM（魔芋葡甘聚糖）为基体，海藻酸钠（SA）为 pH 敏感剂，氧化石墨烯（GO）为抗癌药物结合效应物，成功地制备了 KGM/SA/GO 纳米复合水凝胶。这种纳米复合水凝胶具有良好的溶胀性、生物相容性、优异的 pH 响应性和装载 / 释放药物能力，可通过改变环境的 pH 值来控制抗癌药物 5- 氟尿嘧啶的释放速度，克服了生物高分子载体瞬间释放药物的缺点，在药物释放载体方面有着很好的应用前景。Xu 等利用海洋贻贝黏附蛋白的优良湿附力，开发了一种邻苯二酚基团修饰的 CS（Cat-CS）水凝胶的口腔给药系统，Cat-CS 水凝胶比 CS 水凝胶更致密，可以显著降低降解速度以延缓药物释放，在口腔给药系统开发方面具有广阔的应用前景。

Lee 等人在壳聚糖上嫁接了邻苯二酚分子合成 CHI-C 复合物，以富含巯基的普朗尼克（Plu-SH）为交联剂制备的 CHI-C/Plu-SH 温度敏感性水凝胶黏合剂，对软组织和黏膜层具有强黏附性，可以牢固地黏附到周围组织并迅速固化，以起到止血屏障的作用，有望在为贫血、血小板减少性患者在意外出血和器官移植等方面发挥重要作用。Park 等人发现 HA-CA（透明质酸——邻苯二酚）水凝胶可以修复颅骨骨缺损模型。将光聚合的 HA-CA 水凝胶植入到缺损区，HA-CA 水凝胶显著促进毛细血管、小动脉形成，减轻缺血性肌变性和纤维化，同时促进成骨细胞标志物的表达和胶原沉积。HA-CA 水凝胶具有良好的组织黏附功能，可以促进血管生成，支持细胞成骨分化，在修复组织缺损，提高组织再生功能的生物材料开发方面具有巨大的利用价值。

在农业领域方面的应用。智能水凝胶具有优异的吸水保水性能，能够在短时间内吸收大量水分而不被溶解，然后缓慢地释放出来，因此可以将水凝胶的这一特性运用到农业生产领域，作为优良的保水剂、土壤改良剂和化肥缓释剂。Kumar 等以纤维素为原料合成的高吸水和保水水凝胶已经运用到农业生产中，这种水凝胶环保无污染、原料来源广泛、经济实惠，较好地解决了部分国家农业缺水问题。

Rehim 等通过电子束照射法制备聚丙烯酰胺 / 海藻酸钠水凝胶，用富含该水凝胶的土壤来栽培豆科植物，发现其生长情况要优于不含水凝胶的土壤，这可能是海藻酸钠在其中扮演了植物生长促进剂的角色。Raafat 等用 γ 射线交联制备了羧甲基纤维素 / 聚乙烯吡咯烷酮的超吸收性水凝胶，该水凝胶具有良好的吸水和保水性能，尿素缓释性能良好，同时还具有经济实惠和环境友好特性，在农业领域具有较大的应用潜力。

在工业领域方面的应用。智能水凝胶作为一种新型的吸附材料，被广泛应用于环境治理，尤其在工业污水如染料、重金属等废水处理方面获得越来越多的应用，是一种极具应用前景的材料。Peng 等制备了丙烯酸和富含木聚糖的半纤维素接枝共聚水凝胶，用来从水溶液中吸附重金属离子如 Pd^{2+}、Cd^{2+} 和 Zn^{2+}。实验发现，该水凝胶在具有高吸附容量的同时，还表现出高效再生的特征，在经过多次重复吸附 / 解吸循环之后，水凝胶本身没有显著的吸附容量损失。因此，智能水凝胶用于重金属吸附和回收已被认为是一种新颖、有效的方法。

Sahraei 等以改性黄蓍胶、聚乙烯醇和氧化石墨烯为原料，在硼酸——丙酮溶液中制备了新型磁性生物吸附水凝胶。该水凝胶具有良好的可再生重复吸附性，能有效吸附结晶紫、刚果红染料和重金属离子，可作为一种性能高效、成本低廉的吸附剂开发利用。Liu 等设计了一种具有 3D 多孔的 β - 环糊精 / 壳聚糖功能化氧化石墨烯水凝胶，并以亚甲基蓝为污染物吸附模型，发现此水凝胶对污染物的吸附完全是自发和吸热的熵增过程，可用于废水处理并可重复多次使用。此外，基于环糊精衍生物的水凝胶对水中其他污染物（如罗丹明、偶氮染料等）都有较好的吸附效果，在污水处理领域具有广阔的应用前景。

近年来，智能水凝胶已广泛应用于工业、农业和医药等领域，具有非常大的发展和应用空间。为满足人们发展的需求，未来水凝胶的研究方向是进一步优化和改善水凝胶的特性，制备出更低成本、更低毒性、优良的生物相容性和生物降解性的绿色智能水凝胶，并同时具有优良的机械性能。

第五节　多肽类水凝胶

不同的氨基酸数目、组合和种类形成了种类繁多的多肽，由多肽类形成的凝胶其具有特殊的性能与性质，多肽类和水凝胶的特性使其有着非常好的生物相容性、可降解性，是一种新型的绿色环保的凝胶材料，在生物医药材料上，在食品添加剂等方面具有非常广阔的应用前景。从多肽类凝胶的种类、制备工艺以及应用，来总结这种新型的凝胶材料。

水凝胶是高分子空间结构上呈现相互交联的三维网络的亲水性聚合物，这种结构在水溶液中表现为溶胀而不溶解。多肽水凝胶是多肽或者多肽衍生物为交联的高分子链而形成的水凝胶。由于高分子链是氨基酸组成的多肽或者蛋白质，因而多肽类水凝胶也可以称为蛋白质水凝胶。与化学合成的高分子形成的水凝胶相比，多肽类水凝胶具有原料来源广、对环境友好、可自然降解、具有良好的生物相容性等特点，具有广泛的应用前景。

一、多肽类水凝胶的分类

根据高分子网络内部交联方式的不同，多肽类水凝胶可以分为多肽类物理凝胶和多肽类化学凝胶。按照制备方式不同，可以分为天然多肽类水凝胶和共聚改性多肽类水凝胶。天然多肽类水凝胶是天然多肽未经改性或者稍微改性后制备的水凝胶；共聚改性多肽类水凝胶是天然多肽与其他高分子通过官能团间共聚而制备的水凝胶。

天然多肽类水凝胶。天然多肽类水凝胶利用多肽或者改性的多肽作为主体形成水凝胶。氨基酸数量不超过 5 的多肽称为短肽或者是寡肽，如果短肽不是 N- 末端修饰的，并且不含任何短肽化学缀合物，这样的多肽通常不能形成水凝胶。N- 末端修饰的多肽通常是一种芳香族基团存在于多肽 N- 末端，这种 N- 末端修饰基团有助于短肽凝胶的形成。

共聚改性多肽类水凝胶。将多肽与一些高分子共聚，可以制备出性能良好的多肽水凝胶。多肽既可以与某些天然高分子反应形成水凝胶，也可以与一些合成高分子共聚形成水凝胶。Recently 等利用聚乙二醇与亮氨酸经开环聚合，形成嵌段共聚物。Hsiao 等在此基础上，利用无毒交联剂京尼平将这种嵌段共聚物交联，制备的多肽类水凝胶具有药物缓释应用前景。Zimoch J 等利用多聚异氰肽（PIC）制备了多肽水凝胶；卢新生等利用甲基丙烯酸改性大豆球蛋白，制备的水凝胶在葡萄糖溶液中有极好的溶胀性。

二、多肽类水凝胶的制备

化学交联。通过双官能团化合物与多肽反应，可以把多肽交联成为水凝胶。由于交联剂与多肽形成了稳定的共价键，这种形成水凝胶的过程是不可逆的。通过化学交联的方式制备的多肽类水凝胶具有相对稳定的凝胶结构，常见的化学交联制备方法有聚合肽单体直接聚合、接枝交联两种。

聚合肽单体直接聚合。有些多肽可以直接与双官能团化合物反应，形成水凝胶。Kokufuta 等利用戊二醛为交联剂，获得了三种不同结构的聚（α-L- 赖氨酸）、聚（α-DL- 赖氨酸）、聚（ε-L- 赖氨酸）水凝胶，发现 pH 值、温度和溶剂对水凝胶的溶胀 / 收缩行为均有影响。溶液的 pH 值增大，三种水凝胶的溶胀度均上升；溶液的 pH 值接近 9 左右出现溶胀度下降现象。

光聚合是在光辐射条件下，聚合单体产生自由基，引发单体进行聚合的反应。姚明浩等选取软骨寡聚基质蛋白上一个多肽结构，改性获得半胱氨酸残基，利用其本身带有的巯基与聚乙二醇双丙烯酸酯经迈克尔加成形成获得光敏性单体，在光辐射下聚合形成水凝胶。结果表明，多肽的引入提高了水凝胶的生物相容性，多肽本身的卷曲螺旋结构提供给水凝胶良好的弹性和稳定性。Yamamoto 等利用含有 α-7-香豆氧基乙酰基 -L- 赖氨酸经光交联聚合制备出多肽凝胶，证明了该物质在乙醇中表现出一定的收缩性能，并且该物质能够被胰蛋白酶降解。

接枝交联聚合。接枝交联聚合是具有某种功能基团作为端基的聚合物和多肽进行反应，形成水凝胶。一些带有胺残基的侧链，如赖氨酸残基的胺侧链和 N- 末端，是最常见的接枝交联聚合基团。这些残基能与一些功能性基团发生反应，如活化酯、硫代亚氨基酯、异氰酸酯、氯三嗪、醛和酮等。常见的如能够形成席夫碱的胺与醛类，可以发生接枝交联聚合反应。孙炜炜等曾利用美拉德反应将乳清蛋白与不同分子量的葡聚糖接枝聚合制备水凝胶。王莹莹等利一种多肽链 RGD 分别与改性壳聚糖、氧化海藻酸钠经席夫碱反应接枝获得多肽类复合水凝胶。半胱氨酸残基如硫基与某些醇类也可以发生接枝聚合反应，此时多肽的二硫键需要断裂，如大豆蛋白的硫基断裂后具有很高活性，易于发生与丙烯酸的接枝交联聚合反应。

物理交联。除双官能团化合物通过共价键将多肽交联形成水凝胶外，多肽还可以通过物理作用交联起来形成水凝胶，这种物理交联作用包括氢键、范德华力、二硫键等。物理交联形成水凝胶往往比化学交联形成水凝胶的速度更快，不需要添加化学交联剂，并且形成水凝胶的过程是可逆的，在特定环境变化下，物理交联结构容易被破坏，因而在某些领域有重要的应用前景，例如在生物医药领域用于缓释药物。

物理改性交联的机理。在不借助化学交联剂的情况下，因外部条件变化，多肽自身聚集形成的水凝胶称为多肽类物理凝胶。能否通过物理交联作用形成水凝胶，取决于多肽类物质本身的吸引力和排斥力是否达到平衡。吸引力一般是多肽类物质内部的分子链具有互相缠绕的能力，其结果将导致多肽链相互交叉，宏观表现为多肽体积收缩，保留于交联高分子网络中的液体析出；排斥力是指多肽类链条互相排斥，其导致的结果就是多肽链条充分伸展，宏观表现为多肽体积变大，交联高分子网络能够吸收更多的液体。影响这两种力的主要因素来自内部以及外部条件的变化，通常内部条件相对稳定，主要通过改变外部环境来进而获得物理交联形成凝胶。因此，物理凝胶的过程更多的是一种动态过程，一旦外部条件发生变化，会影响凝胶的稳定性和形成。

一般而言，维持物理交联多肽类水凝胶的作用力有亲疏水作用力、氢键作用力和静电作用力，有些研究也表明多肽类本身的二硫键也对水凝胶的形成起到一定的作用。二硫键的裂解可以促进凝胶的形成，利用一些还原剂，如二硫苏糖醇、谷胱甘肽等可以切割二硫键，获得低二硫键的多肽。

常见的物理改性交联方法。分子自组装是一种常见的多肽水凝胶合成方法。利用分子自组装过程中自发形成的有序结构，通过静电作用、氢键结合作用或者 π-π 堆叠相互作用，进而影响其内部的吸斥作用力，使多肽分子自组装为水凝胶。具有 N 末端 Cys 残基和 C 末端硫酯的多肽分子可以自组装为水凝胶，其中带有 RGD 的肽被组装在这种水凝胶中可提供细胞黏附作用。引发自组装的方法可以是改变溶液的 pH 值，但并非所有能够改变溶液 pH 值的酸都会对凝胶的形成有促进作用。

除了通过改变环境条件可以引发多肽自组装形成水凝胶的方法外，还可以通过加入能够起到桥接作用的外部小分子，这些小分子可以起到连接作用，促进水凝胶凝胶的形成。这些小分子可以是蛋白质、金属盐离子、活性剂等。例如，某些盐溶液的加入会导致蛋白质中的排斥力增强，导致高分子链伸展；某些金属离子的价态对水凝胶的排序结构和力学性能都有一定程度的影响。由蛋白质——多肽相互作用形成的三聚体水凝胶能用于细胞封装和控制递送生物活性大分子，蛋白质的添加可以增加多肽水凝胶中的交联点。

物理自组装是借助多肽在某些次级键的作用下，形成具有二级甚至是多级结构的水凝胶聚合物，这些次级键包括卷曲螺旋、β 折叠以及三股螺旋等。

三、多肽类水凝胶的应用

多肽类水凝胶的化学结构单元来源于自然，具有良好的生物相容性。多肽类水凝胶具有良好的黏弹性和溶胀性，在生物医学领域具有重要的用途。

药物载体材料。由于人眼具有特殊的生理构造，传统的滴眼剂容易导致眼药液体通过鼻泪管进入口腔，造成严重的药物浪费甚至副作用。眼用凝胶剂可以克服这些缺点；梁亮等利用精氨酸——甘氨酸——天门冬氨酸组成的多肽凝胶用于眼用药物载体，发现在兔眼上可以抑制结缔组织生长因子的表达，对于防止青光眼术后出现瘢痕有显著的效果。

将多肽凝胶作为药物载体，可以有效减少免疫排斥反应。Ischakov 等利用一种芳香肽构建了一种新型的无须化学交联的纳米水凝胶颗粒，用于负载两种不同分子量、疏水性和化学结构的药物，发现两种药物都有极好的缓释效果。

食品保鲜。蛋白质的保鲜一直是食品加工的难题，将蛋白质经过某些改性处理后可以获得更长的储存时间，这是由于美拉德反应过程中会产生类似抗氧化性的小分子，可以有效对抗蛋白质自由基氧化蛋白。Laurienzo P 等制备了多糖与多肽复合的水凝胶用于食品保鲜。此外，也有人将乳清蛋白与多糖复合的水凝胶用于包埋一些功能性食品，以达到靶向释放的目的。

细胞培养。多肽水凝胶与组织细胞本身的生长环境非常类似，可以为人工培养的细胞提供合适的生长环境因。罗鸿斌等将两种多肽系列截取后通过超声波作用形成水凝胶，然后将大鼠骨髓间质干细胞用人脑神经营养因子进行修饰后作为培养细胞，其中设置完全培养皿作为对照组，结果表明该多肽水凝胶中的干细胞增殖更好，并且拥有较高的代谢水平。Fallas 等用长肽三聚体水凝胶用于老鼠胚胎干细胞的培养，也获得了成功。

其他应用。有人将多肽与聚乙二醇的共聚物水凝胶用于吸附贵金属离子，发现该水凝胶对 AU^{3+} 的吸附效果废除号，分析认为多肽上的氨基与金属离子的螯合作用提高了金属离子的吸附量，表明多肽水凝胶可作为重金属的吸附剂。

由于氨基酸的种类多、相互连接形成多肽的氨基酸数量不等，因而多肽水凝胶不仅种类多，而且在结构和性能上具有良好的可设计性，可以根据具体性能要求设计多肽水凝胶。鉴于多肽类水凝胶的原料来自天然产物，具有对环境友好、可自然降解、具有良好生物相容性等特点，有望在生物医药、食品加工等领域取得更加广阔的应用。

第二章 新型水凝胶的结构

第一节 水凝胶的结构与应用

水凝胶是一种应用价值极高的功能材料，它含水量较高，具有特殊的力学性质，有些还具有刺激响应性，能够感知外界刺激的微小变化并做出响应。本节综述了用于医药学、污水处理、组织工程、农林业中的保水抗旱等领域的各种水凝胶的成分、结构、性质及其应用情况，最后对其发展趋势作了展望。

水凝胶是一类具有能与水结合的亲水基团，可以被水显著溶胀且不溶于水的交联高分子聚合物。它具有三维网状结构，在医药学上由于其优良的生物学性质而广泛用于可控药物释放、抗菌敷料等；在组织工程上可用作支架或填充物，用于生物组织的再生和修复等方面；在农业和工业生产上，因其具有吸附性和独特的吸水保水性能，被用于污水处理和农林业保水抗旱方面。本节即对应用于各个方向的水凝胶材料进行了分析和整合归纳，也对水凝胶的缺陷进行了概括，并对新型智能水凝胶材料的研究前景进行了展望。

一、医药用水凝胶

（一）用作药物递送体系的水凝胶

用作药物递送体系的水凝胶能够向人体特定位置释放包埋在其中的药物。水凝胶载体在病灶处富集，药物分子缓慢扩散出载体，或者通过载体的降解快速释放出来，到达细胞，实现治疗的目的。壳聚糖是一种线形多糖，其组成单元是 β-（1，4）-2-氨基-2-脱氧-D-葡萄糖，是一种阳离子聚电解质，它广泛地存在于低等植物藻类、菌类的细胞和高等植物的细胞壁中和节肢动物软体动物的甲壳中，每年生物产量巨大。由于壳聚糖具有良好的生物相容性、刺激响应型和可降解性，且不易导致免疫反应，壳聚糖基水凝胶常被用于药物递送领域。

关宝丽等人曾用羧甲基壳聚糖作为基质，通过复凝聚法制备出了 Apoptin 基因缓释纳米水凝胶粒，并就其对 U937 肿瘤细胞凋亡的作用进行了探讨。实验结果表明，壳聚糖与该基因可以形成稳定的球状纳米微粒，微粒直径为 200 到 300 纳米，且包载效率较高。该种壳聚糖基微球能够有效防止体内 DNA 酶对沉默基因的降解作用，Apoptin 微球载体中的基因仍然具有 DNA 作为复制模板的功能，能够有效地转染 U937 肿瘤细胞，诱导其发生凋亡，达到抑制癌细胞生长的目的。

（二）用作抗菌创伤敷料的水凝胶

用作抗菌创伤敷料的水凝胶可以直接与人体组织接触，以抑制杂菌的生长来防止感染，同时防止体液大量流失，水凝胶材料的透气性还使得创口能得到适量的氧气，从而达到促进伤口愈合的目的。

壳聚糖水凝胶同样也可以用作抗菌创伤敷料。王俊豪等人通过辣根过氧化物酶（HPR）催化制得 Ph- 壳聚糖 /Ph-PVA 互穿水凝胶，并经细胞实验和细菌行为学实验证明，该复合水凝胶具有良好的可降解性、生物组织相容性及有效的抗菌性能。

纳米银水凝胶也常用作抗菌敷料。这类水凝胶在制备时，常通过还原性的聚合物与银离子反应得到纳米银。Fullenkamp 等就用儿茶酚胺聚合物将硝酸银溶液还原，再将还原产物与聚乙二醇（PEG）共价交联形成包裹纳米银的水凝胶。纳米银颗粒能穿透病原菌的细胞壁和细胞膜，进入菌体后与氧代谢酶的疏基结合，使酶失活，阻断细菌的呼吸，从而起到杀菌的效果。此纳米银水凝胶的缓释时间至少为 14 天，能有效抑制大肠杆菌、铜绿假单胞菌、葡萄球菌等多种细菌的生长，实现了良好的抗菌和缓释效果。

二、组织工程用水凝胶

用作组织替代材料的水凝胶。水凝胶作为组织替代材料在生物体的损伤修复中起到了重要的作用。这种水凝胶需要有一定的机械强度，还要能支持细胞在其中的黏附、分裂增殖和扩散。胶原蛋白就是修复组织损伤的理想材料，它是细胞外部基质的主要成分，是细胞生长的支架和依附，也是参与创伤愈合的主要结构蛋白。胶原蛋白是由三条肽链组成的三股螺旋，它在生物体内能够形成胶原蛋白纤维和胶原蛋白纤维束，进而形成宏观网络结构，构成组织的结构框架，进而赋予生物组织优异的生物力学性能。

例如，Supapom 等曾利用胶原蛋白自组装法制备胶原蛋白 / 丝素 / 壳聚糖复合支架，胶原蛋白自组装成高度有序的多孔结构，其具有高强度、耐降解、高细胞存活率的特点，可作为骨缺损情况下的支架材料。Aravamudhan 等将胶原蛋白自组装在天然聚合物乙酸纤维素和聚（乳酸——乙醇酸）微孔结构上，得到高度有序的多孔组装结构。由于原料是亲水性天然高分子材料，材料的生物相容性较高，且其可以提高干细胞的诱导能力。

三、污水处理用水凝胶

用于重金属和色素吸附的水凝胶。用于重金属和色素吸附的材料需要有较高的吸附容量、较快的吸附速率和较好的再生性能。水凝胶具有亲水的三维网络结构，可以吸收大量污水，并通过羧基、酰胺基、羟基、磺酸基等基团吸附重金属离子和色素分子，从而达到净化水的效果。

李杰等人就制备了羧甲基纤维素接枝聚磺甲基化丙烯酰胺水凝胶，并对该强阴离子性水凝胶对重金属离子的去除条件和去除效果进行测定。实验结果表明，该水凝胶对铅离子有很好的吸附脱除性能，1g 树脂可吸附 2.7mg 铅，脱除率可达 95%。Kasgoz 等将聚丙烯酰胺水凝胶胺基化和磺甲基化，在不同的 pH 值下考察水凝胶在 Cu^{2+}、Cd^{2+}、Pb^{2+} 混合离子溶液中对金属离子吸附的选择性，发现胺基化和磺甲基化的水凝胶分别对 Cu^{2+} 和 Pb^{2+} 有很好的选择性。

四、农林保水用水凝胶

用作保水剂的水凝胶。水凝胶具有高亲水性，其颗粒可在植物根部形成"微型水库"，从而起到保水防旱的作用。保水剂的吸水倍率，保水性、稳定性等由聚合物的性质及其交联度决定。相同聚合物的情况下，交联度越低、吸水倍率越高，但其保水性、稳定性和凝聚强度就越低。

韦尉宁等以丙烯酸淀粉作为原料，N，N-二甲基丙烯酰胺作为交联剂，通过三元物接枝共聚法取得了效果极佳的保水材料，它成本低且吸水效果好，除了吸水，还能吸收肥料、农药，并缓慢地释放出来以增加肥效和药效。

高分子水凝胶目前在各个领域都已得到了广泛的应用，但其仍然存在很多问题。比如，部分高分子水凝胶材料具有生物毒性，这会大大限制其在生物医学中的应用。而且高分子水凝胶的溶胀往往会产生一些不良因素，比如，某些水凝胶会因为溶胀而在自身重量的作用下毁坏破裂，而在很多应用领域却需要强度和韧性能够承受一定的外部力量的材料。因此，水凝胶的脆弱成了其发展和应用的一大限制因素。不过，相信在未来这些问题都会被顺利地解决。

未来，高分子水凝胶材料将呈现智能化、安全化、普及化、功能化的发展趋势。尤其是在生物医学方面，它的巨大价值已经崭露头角，相信在不久的将来，功能性高分子水凝胶材料能够更好地发挥它的作用。

第二节 明胶基复合水凝胶的功能

从明胶的交联改性、与其他高分子共混（包括互穿网络及双网络）和与纳米材料复合三方面对国内外关于明胶基复合水凝胶的力学性能增强与功能化的研究现状进行了综述。指出，相较于物理交联改性，明胶的化学交联改性应用更为广泛，但过多的化学交联剂用量会产生一定的毒性。互穿网络能够结合明胶与其他聚合物网络的性质，而双网络的拓扑结构能够极大地提升明胶基复合水凝胶的力学性能。将不同纳米粒子或具有特殊功能的纳米粒子引入明胶体系中能避免传统化学交联剂产生的毒性，获得具有高拉伸强度的功能化明胶基纳米复合水凝胶。进一步优化设计合成具有与生物组织相适宜的力学强度、生物相容性和组织黏附性的明胶基水凝胶材料，以提高其在复杂环境中的机械性能和刺激响应性能，将会是未来的研究方向。

明胶是通过胶原蛋白水解获得的一类变性蛋白质，在生理环境中具有良好的生物学性能，常被用于生物医学领域。其一，明胶具有很高的生物相容性和生物降解性。其二，作为一种变性蛋白质，相较于胶原蛋白，明胶具有更低的抗原性。其三，明胶分子链中含有丰富的基因序列，例如调节细胞黏附的精氨酸——甘氨酸——天冬氨酸（RGD）基因序列，将明胶与一些不含有细胞识别位点的聚合物复合，能提升其细胞黏附性能。除此之外，明胶分子结构中还含有大量的活性官能团，这使明胶在一定浓度和温度下能够通过分子间氢键相互作用形成凝胶，并且十分容易通过改性、交联、复合等方式形成不同类型的水凝胶。水凝胶是一类特殊的软湿材料，因其与天然细胞外基质的相似性而成为生物医用材料的研究热点。

以天然高分子为基体合成的水凝胶能极大地避免人工合成高分子水凝胶的生理毒性。然而与大部分水凝胶类似，明胶基水凝胶存在力学性能弱、分子结构复杂、可控性较差的缺陷。近年来，研究者尝试通过物理改性、化学改性，以形成互穿网络结构、双网络结构和纳米复合等方式，来提升明胶基水凝胶的力学性能。本节拟对以上研究的进展情况进行梳理，并就明胶基复合水凝胶研究中的一些问题进行评述，为高强度功能化明胶基水凝胶材料的开发提供理论基础和方向参考。

一、交联改性明胶基水凝胶

明胶的改性方法主要可以分为物理交联改性和化学交联改性。物理改性指通过辐射、等离子体、热处理等物理方法使明胶形成交联网络结构。化学改性指在明胶体系中添加一些化学交联剂，通过交联剂的桥接作用使明胶分子链形成交联结构或催化明胶分子链上的基团进行反应，形成自交联的结构。

物理交联改性。明胶分子链中存在大量的氢键，使得其自身在一定条件下可以通过物理交联形成凝胶，其传统物理改性主要为辐射交联，即通过高能射线的作用，使明胶分子链间以共价键形式连接起来，达到交联的效果。

R.Bhat 等将明胶在紫外线下进行照射处理发现，经辐射处理的明胶黏度降低，熔化焓有明显的变化，凝胶强度有显著的改善。并且，在紫外光下处理不同的时间，凝胶强度相应地发生不同的改变：在紫外光下照射 30 min，凝胶强度可由之前的 177.8 g 增至 198.1 g；在紫外光下照射 60 min，凝胶强度可由之前的 177.8 g 增至 234.0 g。凝胶强度的增加可归因于辐射处理引起的分子链交联。近年来，也有研究者利用等离子体对明胶进行交联改性。电纺明胶纳米纤维是一种有望用于软骨和肌腱修复的天然材料，尽管在水中具有高度溶解性，但难以进行化学交联，这极大地限制了其在软骨组织工程领域的应用。A.Liguori 等用等离子体直接处理固态的明胶纤维发现，通过等离子体处理可以诱导明胶形成交联结构，对明胶纳米纤维进行等离子体处理同样可以获得具有交联结构的明胶纳米纤维，且结构稳定性更好，在浸入水溶液之后仍然保留有良好的纤维形态。

化学交联改性。明胶的化学交联通常是使用一些具有双官能团或者多官能团的交联剂来达到交联的目的。常用作明胶化学交联剂的有京尼平、戊二醛、碳二亚胺盐酸盐和酶等。

M.A.D.Silva 等研究了戊二醛交联不同状态的明胶对凝胶强度的影响，通过对比戊二醛交联溶胶状态下的明胶和低温自身形成物理交联网络的固态明胶发现，固态明胶经化学交联后的剪切模量与明胶物理交联网络三股螺旋结构中的残基量密切相关。在低温状态下，明胶分子链中含有大量的缠结三股螺旋结构，形成物理交联网络。这种物理交联网络作为一种模板，能够提升明胶分子链间化学交联效率，促进分子间弹性活性键的形成，进而提升凝胶的剪切模量。当温度升高、明胶转化为溶胶状态时，这种物理网络模板被破坏，分子间化学交联效率降低，其剪切模量相应减小。研究结果表明，在物理交联状态下进行化学交联具有协同增益效果，在低温情况下混合交联制备的明胶水凝胶，其剪切模量比溶胶状态下交联制备的明胶水凝胶高出 4–6 倍。

M.M.Nadzir 等研究了京尼平交联剂对明胶水凝胶的孔径和核黄素释放行为的影响。研究发现，相较于未交联的明胶，京尼平用量为 0.1%（质量分数）时，凝胶的平均孔径由 (3.86 ± 1.02) μm 增加到 (51.86 ± 13.33) μm，压缩强度得到提升，进一步增加京尼平用量至 0.7%（质量分数），其压缩强度由 7.31 N 增加至 47.65 N，但其平均孔径逐渐减小。通过研究该凝胶的溶胀和药物释放行为发现，京尼平用量为 0.1%（质量分数）时形成的大孔洞结构有利于更多的核黄素分布在凝胶中。这种能够缓慢持续释放药物的凝胶有望应用于伤口敷料等医用领域。

P.L.Thi 等首先对明胶进行改性合成了苯酚共轭明胶（phenol conjugated-gelatin polymer，GH polymer），在辣根过氧化物酶（HRP）的作用下，用 H_2O_2 对 GH polymer 进行交联，然后在体系中引入少量酪氨酸酶（Tyr），将分子中的邻酚转化为具有高度活性的邻醌结构，极大地增强了凝胶与生物基质之间的黏附力，通过特殊的双酶交联方式形成了一种组织黏附性水凝胶。研究其黏附强度发现，在 HRP 单交联凝胶中引入少量的 Tyr 对凝胶的胶凝时间和机械强度影响不大，但是能显著提升凝胶的黏附强度。相较于市售的纤维蛋白胶和 HRP 单酶交联的 GH/HRP 凝胶，GH/HRP/Tyr 双酶交联水凝胶的组织黏附强度（34 kPa）是前两者的 2-5 倍。

相较于物理交联改性，明胶的化学交联改性应用更为广泛，这是因为物理交联改性难以产生均匀稳定的交联结构。但过多化学交联剂用量又会不可避免地产生一定的毒性，因此寻求更有效且低毒性的明胶化学交联改性方式是未来的研究热点。

二、明胶基互穿网络水凝胶

互穿网络（IPN）结构是两种或两种以上聚合物共混而成的"合金"，其分子链相互贯穿，不同聚合物链之间不存在共价键作用，并且至少一种聚合物分子链以化学键的方式交联。传统的单网络水凝胶具有力学性能较弱和溶胀行为响应缓慢等缺点，通过构筑多组分的互穿网络结构可以增强明胶基水凝胶的力学性能、加快溶胀/消溶胀响应速率。

明胶与其他天然高分子形成的互穿结构水凝胶。明胶作为一种含有大量亲水性基团的天然高分子，易与其他高分子形成 IPN 结构。大量的天然高分子及其衍生物与一些含有羧基、羟基、酰胺基团、磺酸基等的亲水性合成高分子已被用于合成 IPN 水凝胶。

C.Shen 等以聚乙二醇二丙烯酸酯（PEGDA）交联的羧基甜菜碱（PCBMA）作为第一网络，京尼平交联的明胶作为第二网络，通过"一锅法"合成了由明胶和羧基甜菜碱（CBMA）组成的 IPN 水凝胶。相较于单网络的明胶基水凝胶和 PCBMA 凝胶，IPN 水凝胶的机械性能有了显著的提升，其压缩和拉伸断裂应力达到 6.5 MPa 和 2.4 MPa（为单网络凝胶的 4-20 倍），破坏应变分别超过 95% 和 700%。由于明胶具有优秀的细胞黏附性，合成的 IPN 水凝胶有利于哺乳动物细胞的附着和增殖，同时由于抗结块性能 CBMA 的存在，能够减少血小板和微生物的附着。通过调节明胶与 CBMA 的比例可以得到一系列机械性能不同的 IPN 水凝胶。

J.Wang 等通过化学交联明胶和羟丙基纤维素（HPC）合成了一种 IPN 水凝胶，该水凝胶显示出典型的多孔结构，孔径随着 HPC 含量的增加而减少。并且由于两种天然高分子网络之间的缠结和互穿，IPN 水凝胶表现出优异的机械强度和透光率，其最大拉伸强度和撕裂强度分别达到 3.1 MPa 和 5.2 MPa。通过细胞毒性测试和药物负载能力评估发现，该 IPN 水凝胶对于成纤细胞无毒性，并且具有良好的药物负载能力和体外释放行为。

明胶和壳聚糖是生物医用领域的两种热门材料，Z.S.Shen 等采用原位沉淀法制备了一种具有良好机械强度和生物学性能的明胶/壳聚糖水凝胶。通过调节各组分比例，该水凝胶具有可控的孔隙率和良好的生物可降解性。经优化后，压缩测试结果显示其杨氏模量能达到 3.25 MPa，杨氏模量达到 2.15 MPa，力学性能与人类软骨相似。循环压缩测试下其具有明显的滞回曲线，压缩韧性约为 75.8 J·m^{-2}。体内降解实验结果表明，其在 70 d 内降解度达到 65.9%。除此之外，体外细胞培植实验结果表明，该水凝胶有利于软骨细胞的黏附与增殖。作为一种纯天然高分子复合的可降解高强度水凝胶，其在软骨组织工程领域有潜在的应用价值。

Z.Yu 等首先用 L-半胱氨酸乙酯盐酸盐（Cys）和甲基丙烯酸酐（AMA）修饰透明质酸（HA），合成透明质酸的衍生物 HA-Cys-AMA。利用其与明胶间的交联反应合成了一种 HA-Cys-AMA/明胶水凝胶。力学性能测试结果表明，单纯的 HA-Cys-AMA/明胶水凝胶机械性能很弱，在该水凝胶中引入软而韧的聚丙烯酰胺（PAAm）形成互穿网络，其力学性能得到很大提升，其压缩强度提升 5 倍，弹性模量和黏性模量都提高两个数量级。此外，互穿网络水凝胶的微观孔洞更加规则、孔径更小，具有典型的开放三维网络结构。

A.Pettignano 等通过构建明胶与氧化海藻酸钠的动态共价键，合成了一种自修复生物水凝胶。对该水凝胶在自愈合过程中的关键影响参数进行研究发现，pH 值对受损水凝胶界面的重构具有重要影响：在 pH 值为 1.36 的 HCl 溶液中浸泡后，该水凝胶失去了自修复能力，而在 pH 值为 13 的 NaOH 溶液中浸泡后，该水凝胶仍具有自修复能力，这证实了明胶与氧化海藻酸钠间的席夫碱键对凝胶的自愈合过程有着促进作用。通过优化两者之间的浓度和配比，能够实现最优的自愈合特性。

明胶与合成高分子形成的互穿结构水凝胶。相较于天然高分子结构的不可控性，合成高分子具有可设计的特定官能团结构，将明胶与具有特定功能的合成高分子共混，能获得不同结构的明胶基复合水凝胶。Y.Gan 等以葡聚糖和明胶为主要网络，聚乙二醇为次要网络，合成了一种可用于髓核再生的 IPN 增韧水凝胶。通过调整二级网络与一级网络之间的质量比并进行力学性能、细胞相容性等方面的生物学性能测试来优化水凝胶的制备条件，得到了性能良好的水凝胶。当二级网络与一级网络之间的质量比为 14 时，该水凝胶压缩应变量达到 86%，呈现较高的力学性能。在小鼠体内研究的结果表明，该水凝胶有利于髓核细胞增殖与再生。

值得一提的是，IPN 结构虽然能够改善凝胶的机械性能，但常会导致凝胶内部形成密集的孔洞结构，从而限制凝胶内细胞与细胞之间的相互作用、组织形成和营养交换。因此，在维持 IPN 水凝胶力学性能的同时提高细胞在凝胶介质中的相互作用是一大难点。J.Zhang 等利用明胶和聚乙二醇合成了一种具有大孔洞结构的 IPN 水凝胶，不同于传统的 IPN 水凝胶，该水凝胶有着孔径约为 80μm 的独特大孔洞结构。研究结果表明，当 IPN 水凝胶中的明胶含量较低（质量浓度为 1%~2.5%）时，网络中无法形成大孔洞结构；当明胶含量继续提升（质量浓度为 5%~10%）时，IPN 水凝胶中出现了独特的大孔洞结构。IPN 结构能够提升水凝胶的力学性能，而大孔洞结构能够明显促进细胞间相互作用和细胞增殖，因此该类水凝胶有望在软骨组织工程领域得到应用。

T.Miao 等使用 theta-gel 法制备了一种聚乙烯醇（PVA）/明胶（Gelatin）IPN 水凝胶。致孔剂聚乙二醇（PEG）的存在，诱导明胶与聚乙烯醇分子链相互作用，获得一种具有大孔结构的 theta 凝胶，通过与 PVA，PVA-PEG 和不加入致孔剂的 PVA- 明胶水凝胶进行对比发现，在致孔剂 PEG 的作用下，PVA/ 明胶水凝胶中 PVA 的结晶度更低，其剪切模量与弹性模量均有所提升。该水凝胶孔径较大（10–50 mm），具有较好的压缩弹性模量（20–400 kPa），在软骨再生支架领域有良好的应用前景。

聚乙烯多胺（PPA）的化学结构中存在大量的氨基，是形成氢键的良好供体，但是由于其不溶于水且与其他合成高分子间相互作用较弱，故很少应用于水凝胶的制备。Z.Zhang 等将 PPA 和明胶混合制备了一种具有多功能刺激响应性的明胶 /PPA 水凝胶，研究结果表明，明胶与 PPA 之间形成的大量非共价键是水凝胶多功能刺激响应能力的来源，且凝胶的储能模量可以通过控制明胶的质量浓度和分子量来调控。相较于纯明胶，明胶 /PPA 复合水凝胶具有更好地机械性能和多功能响应性，在智能材料领域有很大的应用潜力。

三、明胶基双网络水凝胶

双网络（Double network，DN）水凝胶具有由两种不同性质的聚合物形成的互穿网络，第一层为紧密交联的刚而脆的聚电解质网络，第二层为松散交联的软而韧的中性网络，该类水凝胶具有极高的机械强度和韧性，甚至可以与橡胶相媲美。其中，刚而脆的聚电解质网络起到了分散外界应力的作用，为双网络水凝胶提供了 "牺牲键"；软而韧的中性聚合物填补于刚性网络中，为双网络水凝胶提供了支架，有助于保持水凝胶的外形。双网络水凝胶一般是通过两步自由基聚合法制备的，首先合成紧密交联的第一层聚电解质网络，然后将形成的第一网络水凝胶浸泡在高浓度中性单体溶液中，使第一网络中充斥大量的中性单体和少量交联剂，随后聚合形成松散交联的第二网络。

J.Hou 等将明胶作为第一网络，将大分子微球（MMs）稳定的丙烯酰胺和甲基丙烯酸十六酯共聚物作为第二网络，合成了一种大分子微球增强双网络（DN-MMs）水凝胶。MMs 作为疏水缔合中心，能够防止双网络凝胶裂缝的进一步发展。此外，动态交疏水链段的解缠可以有效地分散能量并提高水凝胶的机械性能。结果显示，DN-MMs 水凝胶表现出优异的机械性能，其断裂应力达到 1.48 MPa，断裂应变高达 2100%。

X.Yan 等采用 "一锅法"，以明胶作为第一网络，共价键交联的 PAAm 作为第二网络，设计合成了一种高强度和具有自修复特性的 DN 水凝胶——明胶 /PAAm 水凝胶。经过各组分优化后，明胶 /PAAm 水凝胶表现出较高的机械性能（E=84 kPa，σ f=0.268 MPa，ε f=40.69 mm·mm^{-1}，W=6.01 MJ·m^{-3}）和良好的自修复效率（室温下 87% 的韧性修复），即使在第二网络中不加入任何交联剂，明胶与 PAAm 形成的复合水凝胶也具有很高的机械性能和自修复能力。他们认为明胶 /PAAm DN 水凝胶的能量耗散归因于在承受外力时明胶物理网络的破裂，并且明胶具有可逆的溶胶凝胶转变能力，使得 DN 水凝胶具有快速的自修复能力。而在第二网络中未添加交联剂也能获得较强机械性能的水凝胶，则是由于明胶分子基团上带有大量的羧基、氨基等活性基团，当引发 PAAm 聚合时，明胶与 PAAm 分子链发生了接枝反应，因此该类水凝胶也表现出优异的拉伸性能。

需要强调的是，虽然 DN 水凝胶与 IPN 水凝胶的合成过程有些类似，但是两者概念完全不同。IPN 结构通常是用来组合不同材料间的各种性质，例如细胞黏附、吸水性、生物相容性和生物可降解性等。而 DN 水凝胶通过结合两层不同性质网络的模式充分发挥"1+1>2"的能量耗散效果，使水凝胶的力学性能得到很大提升。

四、明胶基纳米复合水凝胶

纳米材料（粒径 1-100 nm）独特的尺寸效应和界面效应，使其在电子学、光学、机械学、生物学等领域展现出巨大的潜力。纳米复合水凝胶是将纳米尺寸的颗粒分散在水凝胶中形成的复合材料，它不仅保持了纳米材料本身的功能性质，还将纳米材料的刚性、尺寸稳定性和热稳定性与水凝胶的软湿性能相融合，从而明显改善了水凝胶的机械性能和热稳定性。在水凝胶中可以复合各种纳米颗粒，例如碳基、陶瓷、聚合物、金属纳米颗粒等，以获得具有优异机械性能和特殊功能的纳米复合水凝胶。

颗粒状纳米复合水凝胶：黏土复合水凝胶 2002 年，K.Haraguchi 等首次将黏土纳米颗粒掺杂进聚合物基质中合成纳米复合水凝胶，该类水凝胶是通过在黏土颗粒表面进行高产率的原位自由基聚合制备的，其中纳米黏土颗粒充当多功能的物理交联剂，聚合物链通过离子或极性作用连接在其表面，形成独特的有机/无机纳米复合结构，所获得的水凝胶一般具有高透明度和优良的拉伸强度。

C.Li 等在传统的 PAAm/Laponite 纳米复合水凝胶中引入明胶分子链，用 Laponite 纳米黏土粒子充当多功能交联剂，利用明胶与 Laponite 之间的氢键作用将明胶分子链和丙烯酰胺（AAm）吸附在 Laponite 粒子表面，通过 AAm 在纳米粒子上的原位聚合与明胶分子链形成复合网络，合成了明胶/PAAm/Laponite 纳米复合水凝胶。他们研究了明胶对传统纳米复合水凝胶的理化性质和血液相容性的影响，结果表明，随着明胶的加入，纳米复合水凝胶仍然保持着高透明度和良好的力学性能，这说明明胶分子在纳米复合材料体系中具有良好的分散性，并且随着明胶含量的增加，纳米复合水凝胶显示出良好的抗溶血和抗凝血能力。

羟基磷灰石复合水凝胶羟基磷灰石（HAp）是天然骨基质的主要无机成分，具有优异的生物相容性、生物活性和骨传导性。作为一种纳米增强填料，HAp 已被广泛应用于水凝胶体系的增强，引入 HAp 的水凝胶支架材料，因其具有较高的机械性能而作为替代材料广泛应用于骨修复等软骨组织工程领域。J.Ran 等以明胶和细菌纤维素为原料合成双网络水凝胶，并在双网络结构中引入无机粒子 HAp 构筑多组分有机/无机双网络结构。扫描电镜结果表明，HAp 成功地被组装在 BC 网络中的结节处。通过引入 HAp 粒子能够有效提高双网络水凝胶的稳定性，而具有良好柔性的明胶网络能够分散网络结构中结节处的压力。获得的有机/无机杂化双网络水凝胶具有很高的机械强度，其弹性模量和断裂应力分别达到 0.27 MPa 和 0.28 MPa。失水后的干态凝胶表现出更高的机械强度，其杨氏模量和断裂应力分别达到 177 MPa 和 12.95 MPa。体外细胞培养实验也表明这种凝胶具有良好的细胞黏附性，能够促进细胞增殖和分化。

纳米金属颗粒复合水凝胶无机纳米银颗粒和具有软弹性质的三维网络水凝胶组合可以赋予水凝胶更高的机械性能和一些独特的性质，例如，纳米银复合水凝胶可以用于磁导向药物递送系统和改进电控组织生长等。C.Garcíaastrain 等用呋喃改性的明胶和硫酸软骨素（CS）修饰的纳米银颗粒（Ag Nps）制备了一种纳米复合生物水凝胶。其中 Ag NPs 作为多功能交联剂，通过呋喃改性的明胶和苯并三唑马来酰亚胺封端的 Ag Nps 发生 Diels-Alder 环加成反应构建纳米复合水凝胶的交联网络。在明胶网络中引入纳米银颗粒能够提升其交联网络的稳定性，且具有较高的溶胀率，经体外细胞毒性测试，纳米银复合水凝胶具有低毒性的特点，这使得该类水凝胶有望在药物缓释和软组织工程等生物医学领域得到应用。

平面状纳米复合水凝胶：石墨烯复合水凝胶石墨烯是具有蜂窝结构的柔性单原子层碳片，具有高电子迁移率、良好的机械性能和高比表面积，在光电子学、能量存储、催化、气体传感、超级电容器、热电器件、复合材料、软组织工程和药物输送等应用中得到了极大的关注。

J.Huang 等通过"一锅法"合成了以物理交联明胶和含有 GO 的交联聚丙烯酰胺（PAM）双网络形状记忆水凝胶。经近红外光线照射后，该水凝胶具有显著的形状回复能力。物理交联明胶网络中含有的三股螺旋结构具有可逆性，而 GO 能够快速有效地进行光热转换，两者的复合使得水凝胶具有良好的光响应能力。并且双网络结构中特殊的"牺牲键"作用和 GO 的桥接作用使得明胶 -GO-PAM 水凝胶具有很高的韧性，其破坏应力和应变分别达到 400 kPa 和 500%。通过优化各组分比例能够得到具有合适强度、稳定的临时形变和能够被近红外光线控制的快速回复形状记忆水凝胶。Y.Piao 等通过加热按一定比例混合的氧化石墨烯（GO）悬浮液和明胶溶液，制备了一种还原氧化石墨烯——明胶纳米复合水凝胶。其中，明胶作为还原剂还原 GO 并且接枝在石墨烯片层上，明胶分子链与石墨烯片层一起构成纳米复合水凝胶。GO 也是作为一种多功能交联剂，充当明胶网络中的交联点来增加明胶网络的交联密度，从而提升纳米复合水凝胶的力学性能，其储能模量达到 172.3 kPa。

纤维状纳米复合水凝胶：几丁质纳米纤维复合水凝胶几丁质是自然界除纤维素之外含量最丰富的天然多糖，机械强度较高，弹性模量可达到 2 GPa，极限拉伸强度可达到 140 MPa。几丁质纳米纤维是一种直径约为 3 nm，具有自组装能力的纳米纤维。P.Hassanzadeh 等首先制备了甲基丙烯酰化的明胶（GelMA），然后将 GelMA 与几丁质纳米纤维混合，在紫外光照射条件下引发体系内 GelMA 发生交联，通过几丁质纳米纤维与明胶分子链之间的相互作用和几丁质的自组装行为，获得了具有超高强度、柔韧杂化的水凝胶。在 GelMA 体系中引入几丁质纳米纤维能够显著提升水凝胶的储能模量，而相较于 GelMA 和几丁质纳米纤维的杂化体系，单纯的几丁质纳米纤维具有更高的弹性模量，但是其断裂伸长率较低。作者认为凝胶的高弹性模量是由于 GelMA 与几丁质纳米纤维之间的物理缠结作用和几丁质纳米纤维在体系内自组装的结果。通过调节 GelMA 和几丁质纳米纤维之间的比例，GelMA 水凝胶的弹性模量由 3.3 kPa 提升至 2.8 MPa（质量比 31），进一步提升了几丁质纳米纤维含量，水凝胶的强度也提升至 4.6 MPa（质量比 13）。相较于单纯几丁质纳米纤维，GelMA 在体系中充当了润滑剂的作用，通过减弱几丁质纳米纤维间的强氢键作用而提升水凝胶的柔韧度与断裂伸长率。相较于纯几丁质纳米纤维和 GelMA 水凝胶，其断裂伸长率分别提升了 100% 和 200%。

纳米纤维素复合水凝胶纳米纤维素（TOCN）是一种具有高横纵比、高比表面积和高结晶度的刚性纤维状纳米材料，在水凝胶中复合纳米纤维素通常能够增强其力学性能。L.Nan 等首先通过 TEMPO 氧化法制备了纳米纤维素，然后在明胶与 TOCNS 的混合悬浮液中进行丙烯酰胺（AAm）的原位聚合，获得了一种高强度形状记忆水凝胶。这种复合凝胶包含两个交联网络，即化学交联的聚丙烯酰胺网络和物理交联的明胶网络，而引入的 TOCN 能够提升凝胶的机械性能。通过优化凝胶组成成分能够获得具有快速响应形状记忆功能的高强度水凝胶，其中具有可逆性的明胶网络赋予了凝胶冷却条件下快速固定形状的能力（30 s 内）和热诱导形状恢复的能力（90℃下 5 s 内）。随着体系中 TOCN 含量的增加，凝胶的拉伸强度能够达到 240 kPa，最大应变达到 650%。而随着明胶含量的增加，凝胶的弹性模量和拉伸强度能进一步提升，这表明明胶与 TOCN/PAAm 之间存在良好的相容性。这种形状记忆型水凝胶在智能器件和组织工程领域都有着广泛的应用前景。

在明胶体系中引入纳米粒子充当多功能交联点，能够有效地避免因引入大量化学交联剂产生的毒性，明胶与纳米粒子间的非共价键作用，能够使水凝胶获得较高的拉伸强度和柔韧度，引入具有特殊功能的纳米粒子还能获得具有特殊功能化的明胶基纳米复合水凝胶材料。

本节通过对明胶的交联改性、与其他高分子物质共混（包括互穿网络及双网络）、与纳米材料复合对明胶基水凝胶的力学性能增强与功能化的考察发现，相较于物理交联改性，明胶的化学交联改性应用更为广泛，但过多的化学交联剂用量会不可避免地产生一定的毒性。设计构筑明胶互穿网络能够结合明胶与其他聚合物网络的性质，而双网络的拓扑结构能够极大地提升明胶基复合水凝胶的力学性能。将不同纳米粒子或具有特殊功能的纳米粒子引入明胶体系中能避免传统化学交联剂产生的毒性，获得具有高拉伸强度的功能化明胶基纳米复合水凝胶。

由于明胶具备良好的溶胶——凝胶转变性质和生物相容性，明胶基复合水凝胶在智能材料领域和软组织工程材料领域已经体现出良好的应用前景。但以明胶为基体组合多种性质的水凝胶材料仍面临一些技术难题，例如当其用于生物智能材料时，无法在复杂环境中保持明胶基水凝胶材料的机械性能与刺激响应性能的长期稳定性。当其用于生物组织工程材料时，无法实现与复杂的软组织界面间的黏附等。特别是目前对明胶基水凝胶材料生物组织黏附性的研究较少，因此在探索各种类型高强度功能化明胶基水凝胶材料的基础上，进一步优化设计合成具有与生物组织相适宜的力学强度、生物相容性和组织黏附性的明胶基水凝胶材料，将会是未来的研究方向。

第三节　增韧水凝胶的功能

水凝胶由交联聚合物网络和大量水组成。与生物组织类似的结构，使得水凝胶广泛应用于人类生活和生物医药领域。但现今水凝胶的进一步应用仍然受限于其较差的力学性能。为此，本节论述了近些年科研工作者们在水凝胶增韧方面的研究进展，并从增韧机理出发，划分为杂交交联、互穿网络、高功能交联剂及其他新型体系，深入分析各种能量耗散机理。此外，还展望了水凝胶未来的增韧机理的发展方向及前景。

凝胶，由三维交联聚合物网络和大量的水构成，是一种潜在的生物组织的人工替代品。与生物组织类似的结构，赋予了水凝胶良好的亲水性和生物相容性，从而广泛应用于传感、驱动、药物和蛋白质释放、伤口敷料、废弃物处理中的吸收剂以及组织工程等相关领域。然而，高含水量使得水凝胶网络中的聚合物链的伸展程度远远大于其他不含溶剂的材料，导致水凝胶整体的力学性能也远远不能与自然界中的组织相比。这就限制了水凝胶在一些需要极大的变形或需要承载大负载的领域中的应用，例如用于替代生物体中承载重量的肌腱、韧带等。

而随着人们的研究发现，水凝胶力学性能差的原因是由于三维交联网络中在变形或负载时用来进行能量耗散的基元的缺少。在过去几十年里，人们设计了各种各样的水凝胶体系，除了使用传统的化学交联剂，一些超分子作用力，氢键、主客体作用、疏水聚集、配位化学、静电作用等也被引入到水凝胶中。除此之外，一些特殊的交联网络搭建方式如互穿网络等也被引入到体系中。直到现在，人们在构建有效的能量耗散体系上付出了很多努力，同时也取得了很大的进展。但现今研究出的水凝胶的力学性能仍然与自然界中的生物组织有一定差距。而更有效的能量耗散体系也等待科学家们进一步的研究。

一、水凝胶增韧方法

为了进一步扩展水凝胶的应用范围，提高水凝胶的力学强度是一项亟待解决的难题。现今，水凝胶的力学性能已获得很大的提高，甚至在某些性能上已经可以与生物组织相抗衡。在水凝胶体系中植入不同类型的交联方式及不同类型的作用力都会给水凝胶带来特定性能的转变。在水凝胶体系中引入滑环聚合物能够明显提高其延展性，能够拉伸到自身长度的 10 倍以上。而水凝胶中疏水聚集作用的引入也能达到相同的效果，Fu 等人将一种典型的商用胶束（普朗尼克 F127）引入到聚丙烯酰胺水凝胶体系中，由于胶束的协同变形，表现出良好的弹性，能够拉伸到自身长度的 20 倍以上，同时疏水聚集提供了额外的耗散能量，表现出压缩强度和拉伸强度的提高。八臂 PEG 水凝胶具有 1 MPa 以上的拉伸强度。而在水凝胶中引入另一重网络，构建相互交错的互穿网络，由于网络间聚合物链的交缠，当受力时能量会随着交缠的链从水凝胶网络传递到另一层网络中进行耗散，材料的强度也能得到提高。即使是相同类型的超分子作用力的引入也会随着物质及构建方式的不同表现出不同性能的提高。Sun 等在一种化学交联的海藻酸钠 / 聚丙烯酰胺双重网络中引入了 Ca^{2+} 与羧酸根之间的配位络合，制备了一种对缺口不敏感的、高延展性和高韧性的水凝胶。未含有缺口的水凝胶可拉伸到自身长度的 20 多倍，而含有缺口的水凝胶仍可拉伸到 17 倍，但其强度只有 150 kPa。而当与羧酸根络合的是 Fe^{3+} 时，则强度明显提升，在极少量化学交联剂交联的水凝胶网络中引入铁离子与羧酸根之间的配位作用力时，断裂强度高达 6 MPa，但伸长率只有 7 倍左右。鉴于各种非共价键种类的多样化，本节仅以水凝胶体系中不同的交联方式分类，综述目前在水凝胶增韧方面所取得的进展。

杂交交联体系。不同于仅用化学交联剂和仅用非共价键作用作为交联点的水凝胶体系，在杂交交联体系中，引入了 2 种不同或相同性质的作用力。这 2 种作用力在强度上有差异，较弱的一种交联点用来进行能量耗散，提高材料整体的强度，另一种强的交联点则用来保持材料整体的形状和弹性。在仅用物理交联剂的网络中，当网络受到变形时，物理交联点会自发地解开以进行能量耗散，但解开的物理交联点并不会回复到原先的位置，从而导致了不可逆的塑性变形。所以为了保持水凝胶的弹性，强度强于已存在的物理交联点的共价键或其他强的作用力，像结晶或离子键等被引入到了水凝胶中，于是在受到负载时，这种强的交联点并没有被破坏，负载取消时，便能很好地扮演一个结点，将聚合物链拉回原来的位置，从而良好地保持了水凝胶的弹性。由于其制备过程简单，杂交交联体系已经发展成一种制备高弹性水凝胶的方法。

阳离子能与其对应配体形成配位作用，而且在大多数情况下这种配位作用能够很快地解开和重新形成。由于其很容易进行能量耗散和能很快回复力学性能而被用作制备高强度水凝胶体系中的物理交联点。Lin 等在共价交联的聚丙烯酰胺水凝胶网络中引入了 Fe^{3+} 和羧酸根的配位作用。配体羧酸根的引入是通过聚合时掺入丙烯酸单体所得，同时采取浸泡的方法将 Fe^{3+} 与羧酸根的配位比例达到 1∶3 以求达到更好地能量耗散效果。最终制备出的水凝胶性能优于同类用阳离子的配位作用做交联点的水凝胶网络体系。断裂强度达到 5.9 MPa，伸长率达到 8 倍左右，同时能够在很短的时间内回复力学性能，4 h 内弹性模量回复到原始数值，迟滞环的面积回复到原先值的 87.6%。当共价交联点被非共价键代替时，便会赋予水凝胶以特殊的智能特性。Peng 等制备了一种由疏水聚集和配位作用双交联的水凝胶网络。在此采用了十八烷基链代替共价交联和 Fe^{3+} 与羧酸根的配位作用作为交联点，所制备的水凝胶强度达到 3.64 MPa，伸长率提高到 10 倍左右，整体韧性相对有所提升。由于烷基链的疏水聚集在 75℃有温度响应性和全物理交联的特性，材料表现出热诱导的塑性变形。在 75℃用卡通硬币将猫咪的图像压印到水凝胶上，可以看到当冷却到室温时猫咪的图像便永久地保留在了水凝胶上，这是由于在 75℃的高温下，水凝胶里所有的交联点都是解开的状态，网络中没有未解开的结点，便不能将分子链拉回原来的位置，而是就地进行了拓扑结构的重排。同时双交联的特性也赋予了水凝胶以形状记忆功能。维他命 C 由于可以夺取 Fe^{3+} 而能够擦除第 2 种交联点。当施加外力赋予水凝胶以形状同时将其浸泡在维他命 C 溶液中时原先的第 2 种交联点被擦除，又重新浸泡在 Fe^{3+} 溶液中时，新的第 2 种交联点重新形成，导致水凝胶固定在暂时形状上，而当外力释放，又浸泡在维他命 C 溶液中时水凝胶恢复到原来的形状。

不同于交联点用 2 种不同类型的作用力，Miyamae 等报道了一种由环糊精主客体作用交联的超分子水凝胶网络，在这里强的交联点由 β - 环糊精与金刚烷的包合作用扮演，另一重较弱的交联点则由 β - 环糊精与二茂铁的包合作用扮演。由于超分子网络的特性，这种水凝胶并没有表现出很好的力学性能，而是具有形状记忆、自愈合等智能特性。Sun 等同样报道了一种超分子水凝胶，不仅引入了自愈合特性，同时双交联网络机理的引入也提高了水凝胶的韧性。制备了一种黏弹、强韧、100% 自恢复、抗疲劳的聚电解质水凝胶，骨架上悬挂着随机分布的不同阳离子和阴离子的组合体。这种随机性赋予了离子键很宽的强度分布，较强的离子键作为永久交联点赋予弹性，而弱的离子键能够可逆地形成和解开用来进行能量耗散。通过更换网络中的离子对，可以宏观调控聚电解质水凝胶网络的力学性能。一些离子对交联的水凝胶同时还表现出自愈合特性和溶剂诱导的形状记忆特性。这种水凝胶的制备方法简单，适合批量生产，同时无毒性和抗污染细胞黏附性更加扩展了其应用领域。这篇文章首次报道了聚电解质水凝胶用作结构材料的可能性。

互穿网络体系。合适条件下制备的互穿网络水凝胶体系可达到弹性模量 0.1–10 MPa，高强度（单轴拉伸强度 1–10 MPa，断裂应变 1000%–2000% ；压缩强度 20–60 MPa，压缩应变 90%–95%）和高韧性（撕裂能 100–1000 J/m^2）。这些性能足以与橡胶、软骨等相媲美，也是很难在其他体系中同时达到的。最早，这种互穿网络结构的水凝胶是 2003 年由龚剑萍等首次报道和研究的。他们通过二次聚合的方法，首先合成由共价键紧密交联的第 1 层网络；然后将第 1 层网络浸泡在第 2 层网络的未聚合溶液中，以求将第 2 层网络中的单体、引发剂及交联剂嵌入到第 1 层网络中；最后在一定的条件下（光、热等）引发第 2 层网络的聚合。于是最初的互穿网络水凝胶体系就已表现出了优良的力学性能（高达 17.2 MPa 的压缩强度极大地压缩形变），但因为是最开始的互穿网络水凝胶，不免存在着缺陷。在这篇报道里，由于第 1 层网络中采取的是共价交联，那么当在承受大的负载变形时，这种键就会发生部分断裂，而由于共价键的不可逆性，水凝胶便不会回复到最开始的强度，甚至会有大的降低，造成大的滞后。互穿网络水凝胶概念的提出已经过了 15 年，科学家们也在这个领域做出了探索和成果。

不同于传统的互穿网络水凝胶，为了提高互穿网络水凝胶体系的抗疲劳性，Zhang 等报道了一种新颖的互穿网络水凝胶。第 1 层网络为三嵌段共聚物，由于疏水聚集形成交联网络，第 2 层网络为聚丙烯酰胺网络，利用酰胺基团与第 1 层网络中的羧酸基团形成的氢键，构建第 2 层交联。在这里，作为能量耗散基元的是氢键组分，而保持材料整体弹性的则为疏水聚集形成的交联点。由于没有化学交联点的存在，水凝胶表现出线性的应力应变曲线，拉伸强度高达 10 MPa，断裂伸长率为 600%。除此之外，这种结构的互穿网络水凝胶体系表现出提升的自恢复性能，在应变为 100% 的循环拉伸测试中，表现出高达 85% 的回复效率，以及能够在 5 min 内将剩余应变恢复到 0。虽然体系表现出超分子特性，但是水凝胶并没有表现出室温下的自主自愈合性能，而是表现出溶剂诱导下的自愈合。这篇报道展现出集韧性、强度和自恢复性于一体，同时还为研究更有效的物理水凝胶提供了一个方向。

Sabzi 等报道了由琼脂作为第 1 层网络，聚乙烯醇作为第 2 层网络的全物理交联的互穿网络水凝胶。通过一步法，首先将琼脂和聚乙烯醇溶解在 95℃水中，当冷却到 40℃以下，琼脂链间会形成双螺旋束，形成第 1 层网络琼脂的交联点，接着，经过冻——融循环，在第 2 层聚乙烯醇网络中引入结晶作用。不同于互穿网络中一层网络扮演能量耗散，另一层保持整体弹性的惯例，无论是琼脂网络还是聚乙烯醇网络都在受到负载和变形时参与了能量耗散过程。水凝胶表现出高达 2.2 MPa 的弹性模量，2.111 MJ/m³ 的韧性。同时，水凝胶并没有因为较强的力学性能而丧失室温自愈合功能，反而表现出良好的自主愈合性能（在室温下愈合 10 min 就能达到 67.5% 的自愈合效率）。在这里，对比大多数的高强水凝胶来说，突破了高强度与好自愈合效果之间的矛盾，为人们设计自愈合的韧性水凝胶结构提供了一个方向。

高功能交联剂体系。常见的物理交联剂或化学交联剂的官能度相对较低（小于 10），在相邻的 2 个常见交联剂间的聚合物链桥，通常只有 1 个。当聚合物链在受到外力变形断裂时，相邻 2 个交联剂间的连接就会随之消除，而这势必会加速整个交联网络的断裂。为了达到水凝胶的高弹性，人们发明了各种各样的高功能交联剂（官能度大于 100）。在这些交联剂交联的网络中，相邻 2 个高功能交联剂间有多条聚合物链桥，且链桥的长度不一。这样一来，当聚合物网络受到变形时，链桥中相对短的会首先断裂或从高功能交联剂上脱落作为可牺牲组分进行能量耗散，而没有发生脱落或断裂的长链保持网络良好的弹性。

单链结构上有疏水和亲水两部分的分子链，在水中时，疏水部分通过疏水聚集能够将多条链组装到一起形成大小在 1–100 nm 之间的球形结构为胶束。而这种结构恰好为制备高功能交联剂提供了良好的位点。Sun 等选用普朗尼克 F127 作为高功能交联剂，为了将高功能交联剂引入到聚丙烯酰胺网络中，在 F127 两端修饰了反应性乙烯基团，这样通过与丙烯酰胺共聚的方式将其引入到水凝胶网络中。在这里除了高功能交联剂的能量耗散机理外，胶束的内核是由疏水聚集产生的，在受外力或者负载时，会同时引入这一层耗散作用。而这一层耗散作用赋予了水凝胶良好的自恢复性能，在压缩循环实验中，几乎观察不到迟滞环能量的衰减，表现出优异的抵抗疲劳的性能。另外，本课题组构造了一种新型的高功能交联剂，这种新型高功能交联剂由末端带有客体分子的 F127 和乙烯基功能化的环糊精分子通过主客体识别组装而成。额外引入的主客体识别是笔者所构造的等级能量耗散体系的一组分，不仅引入了额外的耗散能量，同时还引入了多重刺激响应功能。对比单一的胶束类型的高功能交联剂体系，表现出力学性能和良好的抗疲劳特性的提高。

Li 等通过在四臂聚乙二醇末端修饰上可以与磁性粒子 Fe_3O_4 发生配位作用的儿茶酚基团，将高功能交联剂磁性粒子 Fe_3O_4 引入到水凝胶网络中。与其他由儿茶酚和铁离子交联的流体网络相比，磁性粒子 Fe_3O_4 的引入提高了材料整体的力学性能，使其能够表现出固体的形态，同时由于物理交联特性使其能够在流体与固体 2 种状态间进行转换。而与其他共价交联的水凝胶网络不同的是，在其能够动态变化其形态的同时又能够在固体形态时保持水凝胶整体的形状。而且这里所展现的分级机理能够对水凝胶进行远程自愈合控制，为今后设计具有远程控制的动态力学性能的刺激响应型智能水凝胶奠定了基础。但与共价交联的高功能交联剂网络相比，在引入功能性和自愈合性能的同时，牺牲了水凝胶网络的强度和韧性。

其他新型体系。除了以上讨论的 3 种体系以外，在科学家们探索超韧水凝胶的过程中还衍生出了一些基于其他机理的构建超韧凝胶网络的方式。水凝胶由于其类似于生物组织材料，表现出了良好的替代结构材料的潜力。但 Huang 等认为当对比像韧带和肌腱等的一些负重组织时，单独的水凝胶网络所表现出的力学性能有限（例如低模量）。为此，他们在水凝胶网络中引入了编织的纤维织物构建了纤维增强的软质复合材料。这种新型的纤维增强的软质复合材料表现出了极高的韧性和拉伸性能，远远优于单一成分的网络。而网络搭建成功的基础在于基体与增强材料之间强的界面作用的存在。在进行撕裂实验研究其断裂过程时，发现这种纤维增强的复合材料在撕裂过程中的耗散能明显大于单一的材料甚至远远高于 2 种材料的叠加值。他们认为这种 1 加 1 大于 2 的效果源于在撕裂过程中的协同效应，同时他们发现当复合软质基材的厚度为织物厚度的 3 倍时协同效应达到最大。这项工作为具有非常抗断裂能力的软基复合材料的通用设计提供了良好的指导。

二、水凝胶功能

构建有效的能量耗散机理仍然是一项非常具有挑战性的工作。Wu 等在传统的高功能物理交联剂的基础上，引入了等级能量耗散结构。以碳纳米点作为高功能位点，在碳纳米点与聚合物链之间的作用力同时包含了共价交联和氢键作用力。不仅如此，网络中还包含了聚合物链之间的化学交联点。这些作用力在受到外力变形时，会依照一定的顺序发生断裂，从而很好地进行能量耗散。最开始受力时，碳纳米点与网络之间的氢键由于作用力最弱，首先发生解开。然后，碳纳米点间较短的链段发生断裂。除了这种网络中固有的作用力用于能量耗散外，在拉伸过程中，由于氢键的断裂对短聚合物链的定向作用及短的聚合物链的断裂过程中对长聚合物链的定向作用，材料整体的结晶度得到提高，从而同时提升了材料的强度和韧性。虽然研究所用聚合物基材是橡胶类材料，但这种构建等级能量耗散机理的方法，也为以后如何在水凝胶中植入有效的能量耗散组分提供了思路和策略。

　　水凝胶中植入的能量耗散体系越来越多样化，也越来越有效。但与自然界的生物组织相比，仍然有一定的差距。而可能的原因是，现今科研工作者们所构造的水凝胶体系成分单一，耗散机理也比较简单。虽然有等级能量耗散体系的出现，但至今研究甚少。相比具有复杂成分和复杂结构的生物组织，现今的能量耗散体系还太简单。为此，笔者认为，以后水凝胶增韧的主要方向可以尝试引入多重组分及引入多种耗散机理。相信通过对增韧机理的不停探索，做出可以代替生物组织的水凝胶也终会实现。

第三章　新型水凝胶性能

第一节　PVA/PAA/Fe^{3+} 超分子水凝胶性能

　　为提高水凝胶的力学性能并扩展其应用，采用生物相容性良好的聚乙烯醇（PVA）、聚丙烯酸（PAA）为基质材料，以氢键和配位键为物理交联点，制备具有高力学性能的 PVA/PAA/Fe^{3+} 水凝胶；通过调节溶液中盐酸浓度、Fe^{3+} 浓度和水凝胶浸泡时间研究其对水凝胶力学性能的影响，通过溶液的 pH 值探讨水凝胶的稳定性，通过循环加载——卸载实验评估水凝胶的自恢复性能。研究结果表明：红外光谱表征水凝胶网络结构氢键及配位键已形成；当溶液盐酸浓度为 0.2 mol/L、Fe^{3+} 浓度为 0.09 mol/L、浸泡时间为 20 h 时，水凝胶力学强度最优，其拉伸强度为 12.69 MPa，韧性为 41.64 MJ/m^3；将水凝胶做一次循环加载——卸载实验之后，静置 240 min，其应力、应变恢复率分别达到 90%、87.8%。

　　近些年来，水凝胶在制动器、药物输送和组织工程等应用上引起了很大的关注。然而，传统化学交联的水凝胶由于缺乏能量耗散机制，导致其模量低、韧性差、难以在人造软骨、肌肉等受力组织方面有所应用；此外，该类水凝胶通常以化学交联剂为交联点，交联剂的残留可能会引起毒性，影响水凝胶在生物医学领域等方面的应用。为克服这些缺点，科学家们通过物理交联法，如氢键、疏水相互作用、离子相互作用、金属配位键等非共价相互作用，从分子水平上进行网络结构设计，合成了一系列高力学性能的水凝胶。

　　氢键是构建物理交联水凝胶最常用的非共价键之一，单个氢键键能较低，易被破坏，而多重氢键由氢键微区协同作用形成，其强度类似共价键且相对稳定。由多重氢键构建的水凝胶在受到拉伸或压缩时，氢键可作为"牺牲"键提供能量耗散以增加水凝胶的强度和韧性。Dai 等利用 N- 丙烯酰基甘氨酰胺侧链的多重氢键制备了力学性能优异的超分子聚合物水凝胶，在水含量为 70%–80% 的情况下，其拉伸和压缩强度都能达到兆帕级别。大部分由金属配位键制备的水凝胶通常有两种方法：一种方法是将金属离子加入单体或聚合物的混合溶液中，原位自由基聚合形成水凝胶；Jiang 等制备的壳聚糖 / 聚（丙烯酰胺 -co- 丙烯酸)/Al^{3+} 水凝胶，具有约 0.5 MPa 的拉伸强度及优异的形变恢复性。另一种方法是先制备聚合物水凝胶，再将水凝胶浸泡在一定浓度的金属离子溶液中，通过配位键进一步交联制备高强度水凝胶；Lin 等制备的聚（丙烯酰胺 -co- 丙烯酸）/Fe^{3+} 水凝胶，其拉伸强度约 6 MPa，断裂伸长率为 750%。

尽管水凝胶力学性能的提升取得了很大的进步，但拉伸强度超过 10 MPa 的水凝胶仍鲜有报道。本节选用生物相容性良好的聚乙烯醇（PVA）、丙烯酸（AA）单体为基质材料，通过紫外光引发自由基聚合制备 PVA/PAA 互穿网络聚合物水凝胶，利用 PVA 的羟基（OH）和 PAA 的羧基（COOH）形成的分子间或分子内氢键构建第一交联网络；将得到的 PVA/PAA 水凝胶浸泡在 Fe^{3+} 溶液中，PAA 链上的 COO^- 和 Fe^{3+} 配位络合，利用配位键构建第二交联网络，以制备具有高力学性能的双物理交联 PVA/PAA/Fe^{3+} 水凝胶。其中，多重氢键和配位键作为可逆"牺牲"键，协同作用，为水凝胶提供能量耗散。

一、实验部分

（一）实验试剂和仪器

试剂：聚乙烯醇（PVA，Mw=205 ku），上海阿拉丁试剂有限公司产品；丙烯酸（AA），分析纯，天津市福晨化学试剂厂产品，使用前减压蒸馏；α- 酮戊二酸，分析纯，天津希恩思生化科技有限公司产品；六水合三氯化铁（$FeCl_3 \cdot 6H_2O$），分析纯，天津市北方天医化学试剂厂产品；浓硫酸、浓盐酸，利安龙博华医药化学有限公司产品。

仪器：HJ-3 型磁力搅拌器，金坛市友联仪器研究所产品；YIH 型紫外灯，中山紫固照明电器厂产品；DZF-6020 型鼓风真空干燥箱，上海申贤恒温设备厂产品；TENSOR37 型傅里叶变换红外光谱仪，德国 Bruker 公司产品；FD-1A-50 型冷冻干燥机，北京比朗实验设备有限公司产品；INSTRON 3369 型万能强力机，美国英斯特朗公司产品。

（二）水凝胶的制备

水凝胶的制备过程：在 20 mL 烧瓶中加入 2.7 g 丙烯酸、7 g 的 H_2SO_4 溶液（1 mol/L）、0.3 g 聚乙烯醇和 α- 酮戊二酸（丙烯酸单体质量分数为 0.5%），磁力搅拌使其充分溶解；将溶液注入自制的玻璃板模具中，紫外灯（365 nm，300 W）照射 6 h；随后将其放入 -20℃环境下冷冻 12 h，室温解冻得到 PVA/PAA 水凝胶；然后将水凝胶浸泡在具有一定酸浓度的 $FeCl_3$ 溶液中，得到 SF 水凝胶，最后在去离子水中溶胀平衡得到 SW 水凝胶。其中 SF、SW 分别表示用 Fe^{3+} 浸泡、水浸泡。

实验通过紫外光引发、自由基聚合制备 PVA/PAA 水凝胶，在该体系中，H_2SO_4 的存在可以抑制 PAA 聚合物链上羧基（COOH）的电离，从而为 COOH 和 COOH 之间、COOH 和 PVA 链上羟基（OH）之间形成的氢键提供更多的活性位点；而冻 / 融过程可以进一步促进聚合物分子间或分子内氢键的形成，以增加水凝胶的力学强度；将水凝胶浸泡

在 Fe^{3+} 溶液中，可以使水凝胶网络中的 COO^- 和 Fe^{3+} 配位络合以构建二次交联网络；最后将水凝胶浸泡在水中充分溶胀，使 COO^- 和 Fe^{3+} 形成更为稳定三齿配位结构。在水凝胶网络结构中，氢键和配位键作为可逆"牺牲"键提供能量耗散机制，以获得高强度、高韧性的水凝胶。

二、水凝胶力学性能

本实验制备的水凝胶拉伸强度和韧性高于大多数水凝胶，但相对 Zheng 等制备的 P（AAm-co-AAc）/Fe^{3+} 水凝胶，其拉伸性能较低。这是因为水凝胶力学性能和含水量有很大的关系，一般含水量高、力学性能较差；含水量低，力学性能较高。本实验制备的水凝胶拉伸强度为 12.69 MPa，含水质量分数为 68%（和其他水凝胶相差不大）；而 Wu 等制备的水凝胶拉伸强度虽约为 19 MPa，但含水量（质量分数 35%）明显低于其他水凝胶，在含水质量分数为 65% 的情况下，水凝胶拉伸强度约为 11 MPa，略低于本实验制备的水凝胶拉伸强度。

水凝胶具有明显的磁滞回线，且磁滞回线随循环次数的增加而逐渐减小，这种现象表明该水凝胶可以有效地耗散能量，且耗散能力越来越小。这主要是因为当水凝胶被载荷拉伸时，网络结构中的氢键和金属配位键作为可逆"牺牲"键暂时解离，以提供有效的能量耗散，从而使水凝胶具有高韧性；当除去外部载荷时，这些暂时解离的氢键和金属配位键来不及快速重建，所以水凝胶应力、应变不能恢复至初始状态。

由于水凝胶网络使用氢键和配位键作为物理交联点，考虑非共价相互作用的动态可逆性，实验通过循环加载 - 卸载测试评估水凝胶的自恢复性。将水凝胶做一次循环加载 - 卸载测试后，分别放置在去离子水中（防止水凝胶水分挥发）浸泡 25、60、120 和 240 min，做第二次加载 - 卸载实验。

随着水凝胶放置时间的延长，水凝胶应力、应变和耗散能逐渐恢复，在放置 240 min 之后，水凝胶应力、应变恢复率分别达到 90%、87.8%，耗散能恢复至 7.45 MJ/m^3。

通过循环加载 - 卸载实验和恢复实验对比，表明 SW 水凝胶具有自恢复性能，且这种恢复具有时间依赖性，随着恢复时间的增加，磁滞回线变大，水凝胶应力、应变和耗散能恢复率变高。水凝胶的这种自恢复性也说明其良好的耐疲劳性。

实验以生物相容性良好的聚乙烯醇和丙烯酸为原料，通过紫外光引发自由基聚合并以氢键和配位键作为交联点成功制备了双物理交联 PVA/PAA/Fe^{3+} 水凝胶。结果表明：

（1）将 PVA/PAA 水凝胶浸泡在溶液盐酸浓度为 0.2 mol/L、Fe^{3+} 浓度为 0.09 mol/L 且浸泡时间为 20 h 时，得到的 PVA/PAA/Fe^{3+} 水凝胶力学性能最佳，其拉伸断裂强度为 12.69 MPa，韧性为 41.64 MJ/m^3；

（2）通过循环加载——卸载实验证实了 PVA/PAA/Fe^{3+} 水凝胶的自恢复性及其时间依赖性行为，将水凝胶进行第一次循环加载——卸载实验并静置 240 min 后，水凝胶的应力、应变恢复率分别为 90%、87.8%，耗散能恢复至 7.45 MJ/m³。

水凝胶的这种高强度、高韧性和自恢复性主要是由于在形变时，水凝胶网络结构中的氢键及配位键可作为动态可逆"牺牲"键提供能量耗散。水凝胶的这种优异性能使其在软驱动器和机器人等方面有着潜在应用。

第二节 阳离子光敏抗菌型水凝胶性能

利用蒙脱土（MMT）分别吸附 3 种阳离子光敏剂（meso- 四（1- 甲基吡啶嗡 -4- 基）卟吩对甲苯磺酸盐（TMPyP）、meso- 四（N- 甲基 -4- 吡啶）卟吩四氯化锌（Zn-TMPyP）、亚甲基蓝（MB）），然后均匀分散在聚乙烯醇 - 苯乙烯基吡啶盐缩合物（PVA-SbQ）的水溶液中，通过紫外光交联法制备出相应的光敏 MMT/PS 水凝胶。借助透射电子显微镜（TEM）对 MMT 和 MMT/PS 形貌结构进行分析，利用扫描电子显微镜（SEM）、热重分析仪（TGA）对 3 种光敏水凝胶的内部形貌、热学性能进行分析，研究其溶胀性能及对金黄色葡萄球菌的抗菌效果。结果表明：3 种光敏 MMT/PS 水凝胶均具有良好的溶胀性能。抗菌结果显示，三者对金黄色葡萄球菌均具有一定的杀灭效果，其中负载 Zn-TMPyP 的水凝胶在光照条件下对金黄色葡萄球菌的杀菌率达到 98.49%。

近年来，细菌感染屡见不鲜，耐药性病株的出现使得人们对于一些感染病例束手无策，迫切需要开发新的抗菌剂及研究方法来解决这个问题。常用的抗菌剂有重金属、、季铵盐、壳聚糖等，但这些常规抗菌剂往往会产生耐药性。光动力抗菌化学疗法（photodynamic antimicrobial chemotherapy，PACT）作为最具前景的新疗法之一，有望替代抗生素和常规抗菌剂用于感染方面的治疗。PACT 基于光动力疗法（photodynamic therapy，PDT），利用光敏剂在可见光的照射下产生光毒性单线态氧（1O₂）灭活微生物。1O₂ 没有特异性的靶目标，因此 PACT 在灭菌的过程中不易使微生物产生耐药性。PACT 常用的光敏剂有亚甲基蓝、卟啉类等，由于自身所带的正电荷使得其对细菌具有良好的抗菌效果。将光敏剂固定化，为其持续和可重复利用提供了条件。目前，光敏剂在壳聚糖、硅胶、甲基丙烯酸衍生物等各种载体上的固定化已被广泛研究。但关于阳离子光敏剂在水凝胶基材上的负载，其用于光动力抗菌方面的研究较少。相比于其他的材料，水凝胶具有良好的生物相容性、可加工性、特定的刺激响应性。用其作为基体材料可以通过多种方式实现光敏剂的固定化，在诸多领域具有广泛的用途。

本工作首先通过 MMT 特有的层间阳离子交换性能，分别吸附 3 种阳离子光敏剂，然后将其均匀分散在 PVA-SbQ 溶液中，然后利用紫外光交联法，使 SbQ 基团发生光二聚反应，分子链之间发生交联，形成具有三维网络结构的水凝胶。分析光交联过程中光照时间对光敏剂性能的影响及水凝胶的溶胀性能，最后探究 3 种水凝胶对金黄色葡萄球菌的光敏抗菌效果。

一、实验材料与方法

实验材料。PVA-SbQ（苯乙烯吡啶盐的摩尔分数为 4.1%），上海广毅印刷器材科技有限公司；无机纳米蒙脱土，浙江丰虹新材料股份有限公司；亚甲基蓝（MB）、meso- 四（1- 甲基吡啶嗡 -4- 基）卟吩对甲苯磺酸盐（TMPyP）、meso- 四（N- 甲基 -4- 吡啶）卟吩四氯化锌（Zn-TMPyP），上海维塔试剂有限公司；金黄色葡萄球菌（ATCC6538），上海协久生物科技有限公司；PBS 缓冲液（pH=7.4），自制；去离子水，江南大学后勤管理中心。

紫外光交联法制备光敏抗菌型水凝胶。经反复超声处理配制 0.1%（质量分数）的 MMT 溶液，然后分别取 1mL 浓度为 100μmol/L 的 TMPyP，Zn-TMPyP，MB 水溶液和 1mL 的 MMT 溶液加入烧杯，搅拌均匀后加入 5mL 质量分数为 50% 的 PVA-SbQ 水溶液，磁力搅拌 30min 后，将混合溶液转移到聚 PTFE 培养皿中。在培养皿上方覆盖一层保鲜膜防止水分蒸发，最后将其放置在氙灯（配置 365nm 滤光片）下照射 2h，得到光敏抗菌型水凝胶。

光敏剂光漂白测试。分别配制浓度为 25μmol/L 的 TMPyP，Zn-TMPyP 水溶液和 50μmol/L 的 MB 水溶液。以去离子水的吸收光谱作为基线，扫描波长范围为 300–650nm。分别取 4mL 对应的光敏药物溶液在氙灯（配置 365nm 滤光片）下照射 1–5h，每小时扫描一次溶液的吸收光谱。同样的方法，移除 365nm 滤光片，配置 420nm 滤光片（$\lambda \geq 420$nm）在氙灯下照射 0–120min，每隔 10min 在波长 420.7，434.8，664nm 处测 3 种溶液的吸光度变化。

水凝胶溶胀性能测试。将所得 3 种水凝胶冻干膜裁剪成小块，每种水凝胶膜分为 3 个平行组。把水凝胶膜浸没在过量去离子水中，在 25℃恒温水浴锅中放置，每隔 1h 取出水凝胶，用滤纸拭去表面的水分，然后在电子天平上称重，直至达到溶胀平衡。

抗菌测试。参考 AATCC 100-2012 对水凝胶光敏抗菌性能进行评价。在水凝胶冻干膜样品上剪取若干个形状、厚度均一的圆形试样，平铺于 24 孔板内。取 0.1mL 浓度为 1×10^8–3×10^8CFU/mL 的金黄色葡萄球菌菌液（PBS 缓冲液）接种在各试样上。每个样品均分为两组，分别置于光照及暗室的环境下培养 30min，随后在含有试样的对应的 24 孔板内加入 0.9mL PBS 缓冲液，混合均匀后将原菌液及试样上的菌液在离心管中依次等梯度稀释 106 倍，制做出 10 倍稀释系列。分别从稀释系列的各离心管中取 10μL 溶液注入含琼脂培养基的平板上，置于 37℃的恒温培养箱中培养 24h。最后对其菌落数测定，计算出细菌存活率，对抗菌效果进行评价。

其他分析测试。用 S-4800 型扫描电子显微镜进行水凝胶表面形貌分析；用 JEOL-2010 型透射电子显微镜对 MMT 和水凝胶进行表征；用 Q500 热重仪分析水凝胶的热性能

（升温速率为 10℃ /min，最高温度为 600℃ ）。

二、结果与分析

水凝胶的形貌结构。水凝胶的外观均质透明、匀整统一，3 种水凝胶均呈现出光敏剂特征的颜色属性。MMT 通过层间阳离子交换作用吸附光敏剂，避免了光敏剂团聚现象的产生，这是均质水凝胶成型的基础。

水凝胶具有联通的多孔三维网络结构，这是由于在冷冻过程中，凝胶中的水在低温条件下成核结晶，形成冰峰，随着热量的传递，冰峰逐渐接近凝胶表面，形成贯通的冰柱，低压条件下冰柱干燥升华，形成水凝胶的多孔结构。这种多孔结构极大增加了水凝胶的比表面积，有利于光敏剂的释放及其与底物接触。

水凝胶的溶胀性能。3 种水凝胶的溶胀趋势基本一致，随着时间的增加，溶胀速率都呈线性增长，12h 后基本达到溶胀平衡，3 种水凝胶平衡溶胀比迥异。溶胀过程中，水分子从外部渗透到水凝胶体系内，使其溶胀，同时聚合物分子链的扩展使三维网络结构受到应力作用，使分子网产生收缩趋势，当两种相反的倾向相互抵消时，达到了溶胀平衡。3 种水凝胶的平衡溶胀比大小不同，可能与光敏剂分子量大小相关。TMPyP，Zn-TMPyP 和 MB 分子量依次降低，与 MMT 结合后形成的粒径大小也依次降低，因此 MMT/PS 在水凝胶中填充的网络空隙大小不同，当水凝胶浸没在水中时，部分 MMT/PS 会脱离出来，对应的网络空隙由水分子填充。TMPyP，Zn-TMPyP 和 MB 水凝胶的网络空隙逐渐减小，因此对应溶胀比依次减小。

水凝胶的热学性能。3 种水凝胶的曲线基本完全重合，其热分解特性一致，表明光敏剂的负载不会影响水凝胶载体的热学性能。结合 TMPyP 水凝胶的 TGA 和 DTG 曲线可知，水凝胶主要有 3 个失重区间：第 1 失重区分布在 50–160℃，对应着游离水及结合水的脱节；第 2 失重区分布在 230–330℃，对应为 PVA-SbQ 的降解；第 3 失重区分布在 360–480℃，对应着水凝胶中 PVA-SbQ 降解产生的带有醛基（R—CHO）和烯类（R1CHCHR2）封端的有机物。在 500–600℃ 范围内的物质为副产物熔融产生的炭渣和高熔点副产物。

水凝胶的光敏抗菌性能。水凝胶对金黄色葡萄球菌均具有一定的杀灭效果。在光照及暗室培养环境下，对照组均未产生抗菌效果，而复合了光敏剂的 Zn-TMPyP，TMPyP 和 MB 水凝胶，在可见光照射条件下（ λ ≥ 420nm）细菌的存活率分别为 1.51%，47.26%，74.58%，对应光敏剂游离时的 1O2 量子产率分别为 0.88，0.74，0.49。光敏剂的 1O2 量子产率越高，其光动力抗菌效果越佳，然而光敏剂被负载后光敏化性能下降。负载 MB 的水凝胶光敏抗菌性能较差，可能是由于 30min 光照使其部分光降解，导致其光敏化能力降低。光照 30min 后，2 种卟啉光敏剂的降解率较低，但 TMPyP 水凝胶的杀菌效果一般，可能是因为其 1O2 量子产率低于 Zn-TMPyP，被负载后量子产率进一步降低。Zn-TMPyP 对金黄色葡萄球菌的杀灭效果达到 98.49%，具有最好的抗菌效果。一方面是因为高 1O2 量子产率，另一方面，Zn-TMPyP 中 Zn^{2+} 对细菌有一定杀灭效果。在暗室条件下，水凝胶有一定的抑菌效果，这可能是由于光敏剂穿透细菌细胞壁，进入细胞内对细菌 DNA 产生损害导致细菌裂解所致。

（1）成功制备了 TMPyP，Zn-TMPyP 和 MB 3 种阳离子光敏抗菌水凝胶。其外观均质透明、匀整统一。制备过程中，紫外辐射不会影响光敏剂光敏化性能，冷冻干燥后内部形成联通的三维网络多孔结构，具有良好的溶胀性能。

（2）3 种光敏水凝胶热分解性能基本一致，光敏剂的存在不会影响载体热学性能。

（3）Zn-TMPyP 水凝胶具有最佳的光敏抗菌效果，其对金黄色葡萄球菌的杀灭效果达到 98.49%，另外 2 种水凝胶也具有一定的抑菌效果。

第三节　纤维素纳米纤维水凝胶的吸附性能

现代化工农业生产和食品加工过程中产生的大量废水，给生态环境带来了严重负面影响。废水色度是水质污染的一个重要指标，因此寻求有色废水的高效处理技术是目前的研究热点之一。笔者试图构建环境友好型纤维基纳米材料吸附剂，并就其结构、吸附机制与性能以及实际应用的安全性进行分析与评价。基于静电纺丝——原位水解——水溶液聚合简易多步法，以纳米纤维中纤维素分子为反应对象、过硫酸铵（APS）为反应引发剂、丙烯酸（AA）和丙烯酰胺（AM）为反应单体、N，N- 亚甲基双丙烯酰胺（MBA）为反应交联剂，成功研制了具有三维网络多孔结构的互穿纤维素纳米纤维水凝胶（CNF-HGs）。通过扫描电子显微镜（SEM）、傅里叶红外光谱仪（FT-IR）、热重分析仪（TGA）进行表征及亚甲基蓝（MB）溶液吸附性能测试与吸附动力学研究，从 CNF-HGs 的微观形貌、分子结构以及热稳定性能方面揭示了其良好的吸附能力与作用机理。细胞毒性试验进一步验证了其良好的细胞相容性和低毒性，有助于降低水处理中二次污染的可能性。研究结果可为纤维基生物吸附剂在有色污水吸附乃至其他废水处理与防治的应用中提供理论依据。

水是现代化工农业生产和食品加工过程中不可或缺的元素，而对于一些传统的农产品加工和水产品制造企业，水的用量更是巨大。在水资源使用与消耗的同时，随之而来大量废弃物进入水体中造成污染，引起生态环境的严重破坏。这其中因有机物小分子形成的有色污水以其成分难以自然降解（如抗光解、抗氧化），且水体色度深、生物毒性大，给人类社会和自然界带来了极大的危害。因此，有色废水的水处理技术及水循环技术的研究显得尤为重要。

目前，常规废水处理技术主要包括生物法、化学法和物理法三大类。其中物理吸附法因其操作简单、经济环保、免于外来物质的引入等优势被广泛应用于有色污水的处理。吸附材料（如树脂、黏土、活性炭及复合材料、纳米纤维/碳纳米纤维及复合材料，碳纳米管及复合材料、氧化石墨烯/石墨烯及复合材料等）作为物理吸附的核心因素，其性质的优劣直接关系到吸附性能的高低。

水凝胶是一类具有高比表面积的三维网状结构的功能性高分子材料，内部含有大量的亲水性活性基团（如羟基、羧基、氨基等），有着较好的溶胀能力，能够吸收自身质量几百倍的水且吸水后结构稳定，因而备受国内外研究人员的关注。近年来，基于水凝胶吸附材料在有色污水处理领域中的研究十分活跃，并取得了一系列显著进展。例如，Yi 等利用腐殖酸钠、聚丙烯酰胺和亲水性拉普兰土构建了新型的杂化水凝胶，基于吸附——解析动力学研究了用于处理亚甲基蓝（methylene blue，MB）溶液的性能，实验结果证实杂化水凝胶优异的吸附能力（单位质量最大吸浓度 800 mg/L）。Darvishi 等利用蛋壳颗粒和甲基丙烯酸酯钠合成了水凝胶复合材料，研究发现由于蛋壳颗粒引入导致复合水凝胶中形成了多孔结构，且当基体中蛋壳颗粒增加到 60% 时，依然保持了未填充材料对结晶紫溶液的吸附性能。Yang 等研究一步水热法研制三维多孔 Bi_2WO_6/石墨烯复合水凝胶，该材料具备了高效的有机溶剂吸附活力和光催化活性的协同功效。由此可见，水凝胶材料在污水处理中不仅表现出良好的性能，且发展潜质巨大，因而原料来源广泛、成本低廉、环境友好的生物质水凝胶吸附剂是当下的研究热点。

纤维素作为自然界中分布最为广泛、储量最大的生物质资源，可谓取之不尽用之不竭的生物质原材料，使其逐步成为制备水凝胶的研究热点。鉴于此，本研究拟以纤维素衍生物（如醋酸纤维素，cellulose acetate，CA）为起始物，利用静电纺丝——原位碱水解结合法简易、可控的获取纤维素纳米纤维（cellulose nanofibers，CNFs）绿色前驱体；借助接枝聚合法研制三维网络纤维素纳米纤维水凝胶（cellulose nanofiber-based hydrogels，CNF-HGs）；以 MB 染料溶液作为有色污水典型处理对象，结合扫描电子显微镜（SEM）、红外光谱仪（FT-IR）和热重分析仪（TGA）表征手段，在环境条件相对固定的条件下探讨所构建的 CNF-HGs 吸附性能及作用机理；并通过细胞毒性试验进一步验证其细胞相容性和毒性。研究结论可为高效生物吸附剂在有色污水吸附乃至其他废水处理应用中提供理论依据。

一、材料与方法

材料与仪器：醋酸纤维素（CA），Sigma Aldrich 公司；N，N-二甲基乙酰胺（N，N-dimethylacetamide，DMAc）、N-N-亚甲基双丙烯酰胺（N，N-methylenebisacrylamide，MBA）、过硫酸铵（ammonium persulfate，APS）、氢氧化钠、亚甲基蓝（MB），国药集团化学试剂有限公司；丙烯酸（acrylic acid AA）、丙烯酰胺（acrylamide，AM），上海阿拉丁生化科技股份有限公司；丙酮、无水乙醇，天津市科密欧化学试剂有限公司；人皮肤成纤维（human skin fibroblast，HSF）细胞，南京科佰生物科技有限公司。

ES30P-10W 型直流高压电源，美国 GMMA 公司；RSP01-B 型数字注射泵，嘉善瑞创电子科技有限公司；TU-1810 型紫外可见分光光度计，北京普析通用仪器公司；S-3000N 型扫描电子显微镜，日立公司；NEXUS670 型傅里叶红外光谱仪，美国尼高力公司；TGA/DSC/1100SF 型热重分析仪，梅特勒——托利多仪器公司。

纤维素纳米纤维材料的制备：纤维素纳米纤维的制备方法参照本课题组前期的研究及改进：将一定质量的 CA 粉末溶于丙酮 -DMAc（V（丙酮）：V（DMAc）=2：1）混合溶剂中，室温下磁力搅拌直至溶解，配制成 16% 质量分数的均一纺丝原液；将 CA 原液装入注射器管内，利用静电纺丝技术，在工作电压 20 kV、溶液流速 1 mL/h、针尖到滚筒距离为 15 cm 的条件下进行纺丝，制取 CA 纳米纤维（cellulose acetate nanofibers，CANFs）膜；将 CANFs 膜浸渍于氢氧化钠乙醇溶液中，促使纳米纤维中醋酸纤维素成分原位水解还原成纤维素，反应结束后洗涤烘干，获取纤维素纳米纤维（CNFs）膜。

纤维素纳米纤维水凝胶的研制：基于接枝聚合法研制纤维素纳米纤维水凝胶：准确称取 1 g CNFs 膜置于去离子水中，充分溶胀并高速分散形成悬浮液；向其中添加 0.08 g APS，搅拌混合 15 min 后依次加入 AA，AM 和 MBA，在 70℃条件下反应 2 h，以制备纤维素纳米纤维水凝胶（CNF-HGs）。通过控制 MBA 的添加量（0.03，0.06 g）和 CNFs、AA、AM 的比例（1/4/1，1.5/1.0/3.5），用于优化构筑水凝胶（样品分别记作 CNF-HGs#1、CNF-HGs#2、CNF-HGs#3、CNF-HGs#4）。

二、结构表征

采用 S-3000N 型扫描式电子显微镜（SEM）对材料表面微观形貌进行观察，并应用图像分析软件 Image-J 1.52a 计算纳米纤维的直径分布范围；采用 NEXUS670 型傅里叶红外光谱仪（FT-IR）分析材料的分子结构（扫描波数 4 000–400 cm^{-1}）；采用 TGA/DSC/1100SF 热重分析仪（TGA）测定材料热失重行为（30–800℃，10℃/min，N_2 作为保护气体）。

三、吸附性能研究

以 MB 水溶液为典型有色污水处理对象评价本研究中所构筑的 CNF-HGs 的吸附能力。具体方法：分别将一定质量的 4 种 CNF-HGs 样品置于锥形瓶中，加入浓度 200 mg/L 的 MB 溶液（根据不同测试做了相应比例稀释），在水浴振荡器的辅助下混合均匀并于室温条件下进行吸附试验。取一定反应时间后经离心分离的清液，在 664 nm 波长处测定吸光值，基于 MB 溶液标准曲线计算出水溶液的真实浓度。参照 Wang 等构建吸附动力学方程 $\ln(C/C_0)=kt$（式中：C 为经一定反应时间后 MB 溶液的浓度，mg/L；C_0 为 MB 的初始浓度，mg/L；k 为吸附速率常数，h^{-1}；t 为反应时间，h），系统分析 CNF-HGs 对有色水溶液的吸附性能。

细胞相容性评价。通过研究所制备材料作为基材以维持正常细胞的生长情况来判断其生物相容性性能。具体研究方法：从 -80℃冰箱中取出冻存的 HSF 细胞，待细胞复苏长好后，将经过紫外杀菌的材料放入培养 24 h；随后对细胞进行染色，利用激光共聚焦显微镜观察 HSF 细胞在材料表面生长的情况。

四、结果与分析

纤维素纳米纤维水凝胶微观形貌分析。在前期研究的基础上，以商品化的醋酸纤维为原料，通过静电纺丝技术优化制备出了微观形貌比较均匀的 CANFs（没有出现串珠和粘连等情况），并利用原位碱水解还原进一步获得了 CNFs。从样品宏观照片看，其均呈现纤维膜状。利用碱溶液处理，可使得纳米纤维膜中的醋酸纤维素在脱乙酰化反应下转变成纤维素，即 CNFs 膜。

以纳米纤维中纤维素分子为反应对象、APS 为反应引发剂、AA 和 AM 为反应单体以及 MBA 为反应交联剂，通过化学引发聚合构筑三维互穿网络的 CNF-HGs。CNF-HGs#1、CNF-HGs#2、CNF-HGs#3、CNF-HGs#4 均能形成比较完整的水凝胶外观，同时，利用直观的压缩方法验证了 CNF-HGs 的力学强度。从实验结果图发现，CNF-HGs 在外力的挤压下可以很好地恢复到初始形态，证明了纤维素纳米纤维在接枝共聚反应条件下形成具有优良机械性能及稳固性能的纤维素基水凝胶。进一步通过 SEM 对 CNFs 和 CNF-HGs 的微观形貌进行比较。CNFs 空间结构较为松散，不同层面上随机分布着纳米纤维且纤维之间孔隙较大；经化学交联后所形成的 CNF-HGs 具有较为致密的三维多孔结构，这有助于其获得较大的比表面积。在与溶液接触过程中，CNFs-HGs 能够裸露在外更多的功能基团并与各类成分团相互作用，形成较佳的吸附活力。

纤维素纳米纤维水凝胶红外光谱与热失重图谱分析。借助 FT-IR 可以获取化合物中原子——原子间由化学键引起的振动变化，从而揭示其官能团。在 CNFs 转变成 CNF-HGs 的微观结构信息剖析基础上，进一步通过 FT-IR 分析其分子结构变化的过程。CNFs 和 CNF-HGs 的红外图谱。CNFs 样品特征吸收峰分别分布在波长 3 437 cm^{-1}（O—H 伸缩振动）、2 899 cm^{-1}、1 430 cm^{-1}（C—H 对称伸缩振动和弯曲振动）、1 060 cm^{-1}（C—O 伸缩振动）以及 900 cm^{-1}（β-（1→4）-糖苷键的 C—O—C 伸缩振动）处。与之相对应，反应后的 CNF-HGs 样品分子中出现了新的特征峰：吸收峰 1 358 cm^{-1} 处来源于 C—N 的键伸缩振动伸缩振动，而吸收峰 1 659，1 536 cm^{-1} 处分别归结于—CONH$_2$ 的对称伸缩振动和—COO—的不对称伸缩振动。推测这些新增的基团是由于反应过程中 AA 和 AM 单体在纤维素分子骨架的引入所引起的。此外，由于聚合反应导致纤维素分子中部分基团偏移（如 C—H 伸缩振动峰）和吸收峰消失（如 C—O—C 伸缩振动峰）。基于此，从 FT-IR 谱图分子结构变化结果证实，AA 和 AM 单体已成功的接枝到纳米纤维中的纤维素大分子链上，同时导致功能性基团（氨基（—NH$_2$）羧基（—COOH）以及酰胺基（—CONH$_2$））的大量介入，这将有利于水凝胶更好地结合溶液的染料分子。

利用 TGA 可以测定化合物的热失重行为，从而揭示其热稳定性。当温度从室温升至 100 ℃时，CNFs 的热失重曲线略有下降，表明其质量有少量损失，这主要归因于样品中水分的减少，而 CNF-HGs 样品的质量损失相较 CNFs 的变化不明显。随着加热温度的推进，在 100–300 ℃间的 CNFs 热重曲线几乎处于一个平台，即质量几乎不变。这个稳定变化现象对应纤维物质发生解聚的诱导期。CNF-HGs 样品在此区间出现了一个快速的失重行为，这可能与纤维素接枝丙烯酸共聚物受热降解有关。进一步推进加热温度（温度升至 360 ℃），CNFs 质量损失呈现急剧上升，达到 84%，而在 360 ℃时 CNF-HGs 质量保留率可达 64%。推测其原因，可能是因为 CNF-HGs 由 CNFs、AA 和 AM 三者复合形成空间网络结构，聚合物分子链间形成相互作用力，导致其结构更加紧凑，因而在一定程度上纳米纤维限制了水凝胶结构中 P（AA-co-AM）分子链上基团的分解。然而，CNF-HGs 质量损失速率迅速加快（当温度达到 360–460 ℃时），这归结于水凝胶结构中的纤维素成分逐渐热降解，引起空间网络骨架束缚程度下降，从而导致了分子链断裂和基团降解加剧。由此可以推测，在 CNFs 经聚合反应构建 CNF-HGs 过程，伴随三维网络结构的形成与分子间的相互作用力的加强，在相当程度上提升了样品的热稳定性。

纤维素纳米纤维水凝胶吸附性能研究。以 MB 染料水溶液作为对象，探讨所构建的 CNF-HGs 处理有色污水的模型。CNFs 和 CNF-HGs 对 MB 溶液的处理能力。CNFs 和 CNF-HGs 对 MB 染料均具备吸附能力，但是 CNF-HGs 处理后的 MB 溶液颜色有着明显褪去变化（相对于空白 MB 溶液），即 CNF-HGs 吸附性能明显优于 CNFs。CNFs 处理后的 MB 溶液较空白 MB 溶液的最大吸光值略有下降，然而这种变化较为明显地呈现在了 CNF-HGs 样品上。推测水凝胶对 MB 具有更为有效的吸附能力，主要是由于：接枝聚合后的化合物表面除了有羟基（—OH）基团外还具有其他大量引入的功能性基团，如—NH_2、—COOH、—$CONH_2$ 等，其可以通过静电吸引力、氢键以范德华力乃至疏水相互作用对水中的 MB 分子产生强有力的结合；三维互穿多孔网络结构提供了大的比表面积，可以加快 MB 分子的扩散，提高吸附效率和吸附容量。

将不同配比条件下构筑的 CNF-HGs#1、CNF-HGs#2、CNF-HGs#3 和 CNF-HGs#4 样品对 MB 分子的吸附性能进行比较，结果表明 4 种样品处理后的 MB 溶液的吸收波长均在相同范围内，但均在 664 nm 处吸收强度最大，说明 MB 在 664 nm 处有一个特征吸收峰。664 nm 处的吸光值与 MB 浓度成正比，因此 4 种样品对 MB 的吸附速率可以在 664 nm 处通过测量 MB 溶液的浓度进行间接计算。基于 Wang 等所构建的吸附动力学方程 $\ln(C/C_0)=kt$，对于 4 种样品处理后的 MB 溶液的在不同时间段的吸附速率。其中，MBA 为 0.03 g，CNFs、AA、AM 的比例为 1:4:1 反应所制备的水凝胶即 CNF-HGs#1，24 h 处理 MB 溶液的吸附效率为 53%，吸附速率常数最大（0.030 2 h^{-1}），且吸附容量高达 283.7 mg/g（其他样品依次为 234.7，249.9 和 235.1 mg/g）。因此，CNF-HGs#1 作为生物质吸附剂其吸附性能最佳。

细胞相容性分析。基于上述分析，以 CNF-HGs 作为吸附剂通过物理吸附法处理有色污水是一种操作简便、处理效率高，同时又不会带来新污染物的有效方法。然而吸附剂的本身安全性，对水处理二次污染的产生至关重要。因此，CNF-HGs 的环境友好性还需进一步评价。为了分析 CNF-HGs 的毒性，对其进行了细胞相容性试验。首先将人皮肤成纤维（HSF）细胞与样品（CNFs 和 CNFs-HGs）进行共培养一定时间，随后利用激光共聚焦显微镜观察染色后的 HSF 细胞，以检测在材料其表面的生长情况。从 CNFs 形成 CNF-HGs 材料，两者表面均附着了一定数量的 HSF 细胞，且不呈现显著减少现象，说明 CNF-HGs 具有良好的细胞相容性和低毒性，其作为生物吸附剂在有色污水吸附乃至其他废水处理应用中不会造成二次污染。

通过静电纺丝——原位水解——水溶液聚合简易多步法制备了纤维素纳米纤维水凝胶（CNF-HGs），并探究了其作为环境友好型生物吸附剂处理有色污水的机制、性能以及实际应用的安全性。

微观形貌分析表明空间松散的纤维素纳米纤维转变成了三维网络多孔结构的互穿水凝胶，同时宏观性质记录了其完整的固态形态以及优良机械性能和稳固性能。

红外光谱分析揭示了化学引发聚合过程中在纳米纤维中纤维素表面成功接枝了丙烯酸和丙烯酰胺单体，同时在分子引入了大量功能性基团（—NH_2、—$COOH$ 和—$CONH_2$）；热重分析表明 CNFs 经聚合反应构建 CNF-HGs 过程中由于三维网络结构的形成与分子间相互作用力的加强，一定程度上提升了 CNF-HGs 样品的热稳定性。

以亚甲基蓝（MB）染料水溶液作为对象，研究了 CNF-HGs 吸附有色污水模型小分子的性能。由于 CNF-HGs 上功能性基团的形成，增强了其与有机小分子的作用效率，同时其三维互穿多孔网络结构提供了大的比表面积，加速了小分子的扩散速率。因此，CNF-HGs 处理 MB 溶液表现出优良的吸附性能。此外，基于吸附动力学方程分析了不同配比条件下制备的 4 种 CNF-HGs 样品处理后的 MB 溶液的吸附效率，可为优化化学聚合构筑 CNF-HGs 的工艺提供指导意见。

细胞毒性试验表明 CNF-HGs 具有良好的细胞相容性和低毒性，其作为生物吸附剂在有色污水吸附乃至其他废水处理应用中不会造成二次污染。

第四章 新型水凝胶的实践应用研究

第一节 负载型聚丙烯酰胺类水凝胶的应用

负载型聚丙烯酰胺类水凝胶兼具网络结构可控、强度好、温度响应性的特点及其所负载功能物质的性能，在药物输送与可控释放、细胞包覆与组织工程及伤口护理、催化、响应与检测分离、增加机械强度等方面具有广阔的应用前景。

一、概述

负载了金属粒子等无机粒子、药物或酶等的水凝胶称为负载型水凝胶，负载型聚丙烯酰胺类水凝胶是其中的一个重要分支。聚丙烯酰胺类水凝胶，具有网络结构可控、强度好、温度响应性等特点，因而成为最常用的合成高聚物载体，负载型聚丙烯酰胺类水凝胶还兼具其所负载功能物质的性能；因而在药物输送与可控释放、细胞包覆与组织工程及伤口护理、催化、响应与检测分离、增加机械强度等方面具有广阔的应用前景。

二、应用

药物输送与可控释放。聚丙烯酰胺类水凝胶，尤其聚 N- 异丙基丙烯酰胺（PNIPAM）类水凝胶，具有温度响应性，在药物输送与可控释放方面具有不可替代的优势。福州大学程翠等以天然多糖羧甲基壳聚糖和 N- 异丙基丙烯酰胺制得网络结构水凝胶，再通过浸渍使 Pt(Ⅱ) 负载至水凝胶三维网络结构中，得到负载铂类药物的水凝胶体系，通过测试证明该水凝胶体系生物相容性好，药物释放长效且可控，外科手术时植入肿瘤部位，可达到提高局部给药量而不增加毒副作用的目的。美国的艾博特呼吸有限责任公司、比利时列日大学、意大利希格马托制药工业公司、中国药科大学均对此有所报道。

细胞包覆、组织工程及伤口护理。国内企业在细胞包覆、组织工程及伤口护理这方面有相对较多的研究。长春吉原生物科技有限公司先通过涂布法或注模法将聚丙烯酰胺亲水性高分子聚合物水溶液制成聚丙烯酰胺水凝胶材料半成品，再通过高能射线辐射进一步制得聚丙烯酰胺水凝胶材料，最后浸渍，使水凝胶材料负载银离子，制得银离子水凝胶敷料。测试表明，其生物相容性好，能够为创面提供湿润的愈合环境促进创面愈合，还可缓慢释放银离子，长时间有效的抑制并预防创面常见细菌的生长，可应用于各种急、慢性创面及伤口的护理。杭州国纳科技有限公司、山东赛克赛斯药业科技有限公司、乌卢鲁公司等均对此有所报道。

催化。负载型聚丙烯酰胺类水凝胶在催化领域的应用是当前的研究热点，国内高校在这方面都有较多的研究。天津工业大学陈莉等利用杯芳烃衍生物和 N- 异丙基丙烯酰胺共聚制备超分子智能凝胶 P[NIPA-co-Calix]，将其负载钯催化剂后，用 P[NIPA-co-Calix] 水凝胶负载钯催化剂催化 Heck 反应；实验表明，P[NIPA-co-Calix] 水凝胶中进行的有机反应有三个优点：智能水凝胶可逆的收缩 / 溶胀使反应物和 Pd^{2+} 离子均能在凝胶中高度富集，高效催化有机反应；有机反应不需要另外加入溶剂或助溶剂；易回收和再利用。新疆大学徐世美、南京大学李正魁、齐鲁工业大学翟云鸽、中国科学院兰州化学物理研究所郑易安等也都在这方面有所研究。

响应与检测分离。结合聚丙烯酰胺类水凝胶自身及其所负载功能物质两者的优点，使得负载型聚丙烯酰胺类水凝胶在响应与分离检测方面具有独特的优势。苏州康磁医疗科技有限公司先将巯基醇类化合物通过自组装方式在金片表面形成薄膜，再利用酸酐和羟基的反应，在金片表面引入可聚合的双键，最后以丙烯酰胺基苯硼酸为单体，葡萄糖为模板，在金表面合成水凝胶，洗去葡萄糖后，制得基于金表面硼酸类葡萄糖敏感型印迹水凝胶，其可应用于葡萄糖的识别、固载、传感、富集、分离或检测。格洛伯塞尔解决方案公司、微温森公司、东华大学朱美芳等、厦门大学杨朝勇等、西安交通大学陈咏梅等也都在这方面有所研究。

增加机械强度。负载二氧化硅、二氧化钛、凹凸棒土、埃洛石等无机粒子可提高聚丙烯酰胺类水凝胶的强度和比孔面积，提高水凝胶的吸附能力和强度。姚大虎等将氧化石墨烯与丙烯酰胺类单体在水溶液中共聚，制得氧化石墨烯纳米复合有机水凝胶，氧化石墨烯具有和锂藻土类似的片层结构，同时其表面具有丰富的羟基和羧基官能团，与丙烯酸酰胺有很好的结合力，可提高水凝胶的强度和力学性能，同时可克服锂藻土体系不能使用离子型单体的缺点。国内外对此均有报道。

第二节　聚丙烯酸系列水凝胶的应用

聚丙烯酸是一种水溶性有机高分子，用它开发出的系列水凝胶已经得到了广泛的应用。本节介绍了聚丙烯酸系列水凝胶在吸附剂、吸水保水剂、制退热贴、药物释放及复合成智能水凝胶等方面的应用。

聚丙烯酸是一种性能特异的水溶性有机高分子，水凝胶是由亲水性高分子交联而成的一类特殊的湿软性材料，其结构由水溶剂和三维网络结构的高分子组成，能够在水中显著溶胀但不溶解。用聚丙烯酸开发出的聚丙烯酸系列水凝胶已经得到广泛的应用。根据水凝胶对受外界刺激（如温度、pH 值、溶剂、光等）时做出的反应情况的不同，可分为环境敏感型水凝胶（智能水凝胶）和传统水凝胶。智能水凝胶能够感知外界的微小刺激，在药物释放等领域有着广阔的应用前景。水凝胶表面带有 $—COO^-$ 和 NH_4^+ 等离子，可用作吸附剂，吸附离子液体、阳离子表面活性剂、重金属离子等。水凝胶性质柔软，吸水性强且能保持一定的形状；被广泛应用作吸水剂，应用在退热贴、香料载体及化妆品中的面膜等方面。水凝胶超强的吸水和保水性能，可作为保水剂用于抗旱。但必须注意的是，在不同的领域应用水凝胶时，需选用不同的高分子原料制成的水凝胶，以满足不同的需求。

一、聚丙烯酸水凝胶的应用

聚丙烯酸水凝胶对离子液体的吸附。近年来的研究却显示离子液体对环境和生物体存在着潜在的危害。如离子液体进入土壤对植物的生长造成影响；进入水中会污染水体，对水中的动植物的生长、繁殖造成危害。所以减少离子液体对环境和人体的危害势在必行。

王园等将氯化 1-丁基 3-甲基咪唑离子液体作为吸附对象，用聚丙烯酸水凝胶进行吸附。比较在不同温度、pH 值、吸附时间条件下的吸附量发现：聚丙烯酸水凝胶对离子液体的吸附量随时间的增加而增大，约 60min 后吸附量基本达到平衡。根据扩散机理，刚开始时吸附量随温度升高而增大；但随着温度的上升吸附量逐渐减小。pH 值较小时不利于聚丙烯酸水凝胶的吸附，吸附量随 pH 值的增大变化不明显；但当 pH > 8 时，由于水凝胶表面负电荷增多，吸附的静电作用加强，使得吸附量增加。

聚丙烯酸水凝胶对表面活性剂的吸附。表面活性剂是一类在很低浓度时就能显著降低液体表面张力的有机溶剂。现今，表面活性剂已经成为使用最广的有机化合物之一，同时其所造成的污染也是最严重的，表面活性剂带来的危害已经引起了人们的关注。

王园等将十六烷基三甲基溴化铵（CTAB）阳离子表面活性剂作为吸附对象，用聚丙烯酸水凝胶进行吸附。研究了在不同温度、pH 值和时间条件下聚丙烯酸水凝胶对十六烷基三甲基溴化铵表面活性剂的吸附作用。通过测定，在不同温度下，随时间的增加聚丙烯酸水凝胶对十六烷基三甲基溴化铵阳离子表面活性剂的吸附量逐渐增大，约 25min 后吸附趋近平衡。较低温度下的吸附效果比较高温度条件下的吸附效果要好。pH 值较小时，不利于吸附的进行；但随 pH 值的升高，聚丙烯酸水凝胶表面负电荷逐渐增多，使得吸附增量。pH 值越大吸附量越大。

聚丙烯酸水凝胶为反应器的研究。聚丙烯酸纳米水凝胶具有受外界环境诱导而膨胀、收缩和生物相容性以及有利于多价物质耦合的特性。广泛应用在各重大生物医学领域，如药物载体、药物释放、纳米生物传感器以及非手术可注射的人体组织工程的基体等。廖谦等用羟丙基纤维素（HPC）作为模版并且借助 HPC 的相转变特性，采用无皂化乳液聚合新方法制备了聚丙烯酸纳米水凝胶。原创性地提出了聚丙烯酸纳米水凝胶为反应器，用聚丙烯酸纳米水凝胶原位诱导合成超顺磁性 Fe_3O_4 纳米粒子。所制备的聚丙烯酸 -Fe_3O_4 纳米粒子尺寸小、尺寸分布窄，无团聚现象等；Fe_3O_4 纳米粒子包覆于聚丙烯酸纳米水凝胶粒子内部，并发现纳米粒子间呈"蠕虫链"结构；这种"蠕虫链"结构能更有效地提高 MRI 磁共振造影剂的肿瘤诊断及靶向作用。根据超顺磁性磁共振造影剂的工作原理，聚丙烯酸 -Fe_3O_4 纳米粒子可开发为新一代超顺磁性磁共振造影剂，为癌症靶向、药物释放、磁共振成像等前沿领域的生物医药材料提供了一个高度集成的纳米平台及其制备方法，具有很高的潜在应用价值。

（二）聚丙烯酸钠水凝胶的应用

聚丙烯酸钠水凝胶在农业中的应用。水凝胶是一种新型的功能高分子材料，具有超强的吸水性，水凝胶能快速吸收比自身重几十倍至百倍的含盐水，数百倍的脱离子水；从而可以有效地控制土壤中的水分蒸发，促进植物的根系生长发育，满足植物生长需求，同时还能改善土壤结构，增加土壤活性，减少土壤板结等。将水凝胶与肥料按一定的比例配成复合肥料掺入土壤中，可提高肥料的利用率，减少肥料的流失。

韦尉宁等以淀粉、壳聚糖、丙烯酸为原料，（NH_4)$2S_2O_8$-$NaHSO_4$ 体系为引发剂、N，N —二甲基丙烯酰胺为交联剂，用淀粉——壳聚糖——丙烯酸三元物接枝共聚法制备聚丙烯酸钠——壳聚糖——淀粉凝胶吸水材料，可提高吸水倍数，降低成本，还能达到抗菌的效果。

谢奕明等以丙烯酸、膨润土为原料，环己烷为分散介质，司班 60 和十二烷基苯磺酸钠为分散剂，过硫酸钾为引发剂，N，N —亚甲基双丙烯酰胺为交联剂，采用反相悬浮的方法合成了膨润土 / 聚丙烯酸钠超吸水性水凝胶复合材料。应用在农业方面取得了很好的效果。

如甘肃某地菜地将水凝胶和营养液按一定配比配成复合肥料掺入土壤中种植大白菜，每亩产量增加 60%，单棵重量由原来的平均 3.5kg 增加到 5kg。将水凝胶用作保水剂，在移栽植物时可大大降低苗木的死亡率。

以聚丙烯酸钠水凝胶为基材制退热贴。黄玮等利用水凝胶的高吸水保水性，以聚丙烯酸水凝胶为基材，将少量的天然清凉剂和大量的水加入水凝胶中制成退热贴。此种退热贴利用人体发烧时产生的热量来使得退热贴中的水分蒸发，从而达到降温的效果，具有天然清凉剂和物理降温的双重功效；同时水凝胶自身具有黏附性，使用时只需将退热贴贴于前额处，无"拔毛之痛"。与传统的物理降温方法，如冰敷、酒精擦身、冷毛巾敷相比使用更方便。

黄玮等所制备的退热贴含水率约为 50%，低于日本生产的退热贴 73% 的含水率。用钢板对退热贴的黏附力进行测定，将退热贴悬挂在钢板上，记录悬挂时间。结果发现，退热贴悬挂在钢板上45s后即脱落，与此同时日本产退热贴同样无法黏附住。说明以聚丙烯酸钠为基材制备的退热贴因含水率的降低反而提高了退热贴的黏附力和强度。

聚丙烯酸钠水凝胶与药物释放。微创治疗能很大程度地缓解传统的组织重建手术给患者带来的痛苦和减少并发症，已经引起了人们的广发关注。水凝胶在水环境下会发生膨胀，但不会溶解，是一种用于微创治疗的优良材料。马晓晔等采用自由基聚合法合成制备了自膨胀PAAS-SF semi-IPN水凝胶（聚丙烯酸钠——丝素蛋白半互穿网络水凝胶），研究抗生素药物阿莫西林（AMO）在PAAS-SF semi-IPN水凝胶中的包载与释放性能。结果显示，随水凝胶中丝素蛋白（SF）含量的增加，膨胀率增大，药物释放速率加快；如在120h内PAAS-SF20 semi-IPN水凝胶内能释放（83.4±0.9）%的药物。显示出了良好的药物释放能力，在药物输送方面有着广阔的应用前景。

（三）聚丙烯酸复合水凝胶的应用

聚丙烯酸智能水凝胶的敏感性。智能水凝胶又称为环境敏感型水凝胶，具有独特的响应性，能够对外界环境的刺激产生快速的响应，如对pH值、重金属离子、温度、声波、电场、溶剂、光、压力以及温度—pH值双重改变等微小变化和刺激进行响应。因其独特的响应性，在化学传感器、组织工程、物质分离等领域有着广泛的应用前景。如Wang等用壳聚糖和聚丙烯酸制备了pH值敏感的复合水凝胶，不仅具有很明显的pH值敏感性，而且也降低合成成本。黄玉萍等首先合成了低分子量的聚丙烯酸钠，然后在低分子量的聚丙烯酸钠的基础上通过水溶液聚合法合成低分子量聚丙烯酸钠/丙烯酰胺水凝胶。研究其对Cu^{2+}、Zn^{2+}、Pb^{2+}重金属离子和Na^+的敏感性，通过测定，低分子量聚丙烯酸钠/丙烯酰胺对重金属离子的敏感性大小为$Pb^{2+} > Cu^{2+} > Zn^{2+}$。

低分子量聚丙烯酸钠/丙烯酰胺水凝胶的敏感性吸附。黄玉萍等在低分子量的聚丙烯酸钠的基础上通过水溶液聚合法合成低分子量聚丙烯酸钠/丙烯酰胺水凝胶。为测定其敏感性吸附选用Pb^{2+}为代表，利用水凝胶溶胀的吸附性，研究低分子量聚丙烯酸钠/丙烯酰胺水凝胶对重金属离子的吸附作用。结果显示，pH值较小时吸附能力较弱，随pH值的增大吸附量逐渐增大。当到达pH=4.0时吸附效果最好，之后随着pH值的继续增大，吸附量呈先增加后减小的趋势。水凝胶对Pb^{2+}的吸附量随温度的升高而增大，但当温度升至50℃时，吸附量却呈下降趋势。当温度过高时，水凝胶中的三维网状结构的链段运动速度加快，使交联点间的距离减小，内部的网络空间也随之减小，高分子网络所能容纳液体量也减小，使吸附量降低。在pH值较小时，水凝胶中的羧基电离受到抑制，羧基以-COOH形式存在；同时氨基被质子化以形式存在，氮原子的配位能力受到影响，使吸附受到抑制。随pH值的升高，平衡向右移动，水凝胶中氨基和羧基分别以-和$–COO^-$的形式存在，有利于水凝胶对重金属离的吸附。

壳聚糖/聚丙烯酸水凝胶磁微球对牛血清白蛋白的吸附与释放。以水凝胶为药物载体，在可控的外界条件下能使药物以一定的速率扩散到环境中，能够有效提高药物的释放效率和降低毒副作用。水凝胶磁微球是由有机高分子和无机磁性粒子（主要是铁或铁的氧化物）相结合形成，具有高分子微球的众多特性和磁响应性的复合微球。它不但能通过共聚或表面改性等方法使其表面带有特殊功能基（如 -COOH、-OH、-NH$_2$ 等），而且还能在外加磁场作用下方便、迅速地分离。在细胞分离与标记、靶向药物运输、免疫分析和固定化酶等诸多领域的应用受到人们广泛的关注。

壳聚糖 / 聚丙烯酸水凝胶磁微球具有对 pH 值敏感性，揭少卫等采用原位聚合法制备壳聚糖 / 聚丙烯酸水凝胶磁微球，利用不同 pH 值条件下壳聚糖 / 聚丙烯酸水凝胶磁微球溶胀性的不同和凝胶磁微球表面的 –COO$^-$ 与 -NH^{4+} 的作用力的改变，实现对蛋白质类药物的吸附和释放。壳聚糖 / 聚丙烯酸水凝胶磁微球具有顺磁性，是良好的靶向药物运输工具，在磁场作用下水凝胶磁微球将药物运输到目标部位。

研究发现，所制备的壳聚糖 / 聚丙烯酸水凝胶磁微球能够延长药物的释放时间。如当药物在胃中时，只有少量的药物被释放出来；而当药物被运输到肠道中时，药物才逐渐被大量地释放出来。这样不但提高药物的作用时间，而且还可提高药物效用，减少副作用。同时，采用原位聚合法简化了水凝胶磁微球的富集过程，整个制备过程全部在水溶液中进行，避免有机试剂对水凝胶磁微球的污染，更清洁、安全，符合药物运输的要求。但是，这只是人体外的模拟实验，还需进一步地做动物体内模拟实验，才能真正确定壳聚糖 / 聚丙烯酸水凝胶磁微球在体内的作用效果。

用聚丙烯酸开发成的聚丙烯酸系列水凝胶已经得到了广泛的应用。聚丙烯酸以其为基材开发出来的退热贴具有良好的黏附性和退热效果，其黏附力达到日本产的退热贴的水平。对阳离子型离子液体和表面活性剂及重金属有很好的吸附效果。由其制成的水凝胶磁微球，是良好的药物运输载体。聚丙烯酸为反应器，用聚丙烯酸纳米水凝胶原位诱导合成超顺磁性 Fe$_3$O$_4$ 纳米粒子。为癌症靶向、药物释放、磁共振成像等前沿领域的生物医药材料提供了一个高度集成的纳米平台及其制备方法，具有很高的潜在应用价值。以聚丙烯酸合成的水凝胶，其优异的吸水保水性在农业当中是一种良好的抗旱剂，效果良好。

第三节　水凝胶在骨科中的应用

水凝胶是一种新型医用材料，可广泛应用于骨科领域，包括骨与软骨组织工程、皮肤创面愈合等。随着新型水凝胶制备方法的日趋成熟及其应用方法研究的不断深入，水凝胶材料在骨科临床及基础研究领域的应用前景十分广阔。本节就近年来水凝胶在骨组织工程、软骨组织工程及皮肤创面愈合中的应用进展作一综述。

水凝胶为具有亲水性聚合物链的 3D 网络结构，且含水量为 90%–99%，有助于有效的氧气与物质交换。在过去几十年中，水凝胶因具有生物相容性高、免疫原性低和理化性质可调节等特征而在生物医学领域中得到了前所未有的发展。水凝胶的多聚体系统可为细胞的移植和分化、内源性再生、生物修复、伤口愈合及药物持续传递提供良好的基质，而其三维网络系统则可模拟原始细胞外基质的微结构，为细胞存活提供活体生态条件。

一、在骨组织工程中的应用

骨缺损为骨科临床常见病，目前多采取自体或异体骨移植的方法治疗。移植治疗可造成供区部位损伤且供体难以获得，故其应用受到限制。为解决上述问题，以水凝胶为支架材料的骨组织工程应运而生。

水凝胶是一类独特的支架材料，具有由交联的高分子链组成的三维亲水网络结构，在吸收相当于自身体积几倍数量的水后仍可保持不分解。因此，水凝胶可以模拟自然的组织环境，为缺损部位提供结构支持，使骨缺损通过内在愈合机制修复。

据报道，可注射原位成型水凝胶已广泛用于骨科临床。与需要外科植入的预制支架不同，水凝胶可以注射到缺损处，原位成胶有助于对抗任何几何变形，且侵入性较低。Yoon等制备了基于可见光固化乙二醇壳聚糖的可注射水凝胶系统，该水凝胶在结合骨形态发生蛋白（BMP）-2 和（或）转化生长因子（TGF）-β1 后，可在 30 d 内持续释放生长因子。体内外研究均显示，该水凝胶可促进碱性磷酸酶、Ⅰ型胶原和骨钙素等相关 mRNA 的表达，并可增加胫骨缺损部位的骨量和骨矿物质密度，提示其在骨缺损治疗方面具有应用价值。此外，温度响应性水凝胶在体内的应用也有独特的优势。Liao 等将双相磷酸钙陶瓷微粒作为矿化骨基质嵌入含有透明质酸 -g- 壳聚糖 -g- 聚（N- 异丙基丙烯酰胺）（HA-CPN）的温度敏感性水凝胶基质中，并用富含血小板的血浆对其进行强化，该复合物可捕获兔脂肪来源的干细胞，并具骨诱导能力，可提升细胞增殖速率和碱性磷酸酶活性，促进钙沉积和细胞外基质矿化，并上调成骨标志基因表达，将该构建体植入兔颅骨缺损处后缺损部位有新骨形成，证实该温度敏感性复合水凝胶可促进兔脂肪来源干细胞的骨生成，有望应用于骨组织工程。

感染可影响骨折愈合过程，而由水凝胶聚合物和矿化组分合成的抗菌骨移植物具有易于获得、成本低及理化性质可调节等特征，成为骨替代物的优选。Xu 等用贻贝激发的聚多巴胺（PDA）在聚乙烯（PE）水凝胶上原位合成银纳米粒子（AgNP）并对其予以矿化，发现 AgNP/PDA 水凝胶具有抗菌和促进移植物矿化的双重功能，可促进骨骼生成，并具有上调骨涎蛋白、碱性磷酸酶、骨钙蛋白及 Runt 相关转录因子 2 等成骨标志物表达的能力。体内实验也证实，该水凝胶可有效修复上颌骨缺损，并可显著抑制金黄色葡萄球菌和大肠杆菌的生长，在修复伴有感染的骨缺损情况中可加快愈合进程。

Zhu 等合成了可负载血管内皮生长因子的温度敏感性纳米因子，经聚合酶链式反应（PCR）实验证实，该粒子可促进Ⅰ型胶原、Runt 相关转录因子和骨钙素等成骨标志物的表达，也可促进血小板——内皮细胞黏附分子（CD31）、血管性血友病因子（vWF）和激酶插入域受体（KDR）等血管生成标志物的表达。上述结果提示，用该粒子制备的水凝胶复合物可通过上述方式促进入骨髓间充质干细胞（BMSC）的成骨分化和血管生成，有助于提高工程化骨组织的质量。

水凝胶材料在骨组织工程应用中具有独特的优势，而多种制备技术及材料的开发则为实现不同的骨缺损修复目标提供了更多的选择。

二、在软骨组织工程中的应用

年龄增加、外伤和关节退行性改变均可成为软骨损伤的危险因素。软骨由于缺乏血管、神经、淋巴网络和原始细胞等，很难实现自我修复，一旦损伤，通常需要通过外科手段进行替换。软骨组织工程目的在于制备有功能且无瘢痕的组织。水凝胶作为适用于组织工程的支架材料之一，已被广泛研究。

鉴于软骨强度的特殊性，软骨组织工程所需的水凝胶材料不但要具有生物相容性，而且要兼具一定的机械性能。开发具备上述特征的水凝胶材料已成为研究热点。Han 等设计了聚多巴胺/硫酸软骨素/聚丙烯酰胺水凝胶，并证实其具有良好的组织黏附性和坚韧的机械性能。与传统的硫酸软骨素水凝胶相比，该水凝胶能够促进软骨的形成和分化，可为软骨细胞生长和软骨再生创造无生长因子的仿生微环境，并可满足软骨修复的机械要求。Deng 等通过双物理交联策略开发了新型 κ-角叉菜胶/聚丙烯酰胺双网络水凝胶，该水凝胶显示出优异的断裂拉伸应力 [(1 320 ± 46)kPa] 和韧性 [断裂能：(6 900 ± 280)kJ/m³]，并具有优异的干细胞相容性，适用于软骨组织工程。

可注射水凝胶可用于微创修复手段，因而更具可操作性。Qi 等将丝胶蛋白转化为功能性丝胶蛋白甲基丙烯酰，后者包载软骨细胞后，可在 UV 光照射下通过光交联形成原位水凝胶，在向体内注入该水凝胶 8 周后，有效的人造软骨即可形成，其细胞外基质组分积累量增加，且软骨关键基因表达上调，在分子水平上类似于天然软骨。除软骨细胞，人 BMSC 也可作为软骨组织工程重要的种子细胞。Li 等设计了一种通过 N-羟基琥珀酰亚胺-胺偶联发生组装的构建体，该构建体能够包载人 BMSC 并保留其活力和功能，在被植入体内后可促进软骨形成标志物表达上调和 Ⅱ 型胶原含量增加，有利于形成成熟的透明软骨结构。除细胞外，生长因子也可被包裹进入水凝胶，从而实现局部释放。Jooybar 等将血小板裂解物掺入载有细胞的可注射透明质酸/酪胺水凝胶中，其中血小板可作为自体且廉价的生长因子来源，而该水凝胶可在包载人 BMSC 后被注入体内，结果显示 Ⅱ 型胶原蛋白和蛋白多糖逐渐沉积，细胞外基质沉积与凝胶降解同时进行，坚韧的致密基质最终形成，提示可注射的刺激响应性水凝胶具有作为软骨再生支架的巨大潜力。

由于软骨——骨结构的特殊性，形成具有自主有序发育的软骨——骨的多层结构仍是一项复杂挑战。Stüdle 等设计了一种双层水凝胶，一层为以 TGF-β3 或 BMP-2 功能化并通过酶促聚合包载人 BMSC 的聚乙二醇水凝胶层，另一层为含有人鼻软骨细胞（NC）的水凝胶层，将 2 层水凝胶组合并异位植入裸鼠，发现人 BMSC 负载层可重复进行软骨内骨化并产生类骨组织，而 NC 负载层则可形成表型稳定的软骨组织。Kang 等为获得更好地骨——软骨组织，设计了一种 3 层支架，以用于支持骨形成的富含磷酸钙的水凝胶作为矿化底层，以具有各向异性多孔结构的冷冻水凝胶作为中间层，以用于支持软骨组织形成的水凝胶作为顶层，底层保持无细胞，顶部 2 层则在植入前包载细胞，体内植入的包载细胞的 3 层支架在骨表面形成了富含润滑素的软骨结构。上述结果提示，将包载外源性细胞的软骨组织工程与支架驱动的原位骨组织工程相结合，是构建骨——软骨组织类似物的有效途径。

新型 3D 打印技术在软骨组织工程中的应用也是目前研究的热点。Xia 等用明胶和透明质酸制备水凝胶，并用 3D 打印技术精确控制外部 3D 形状和内部孔结构，将甲基丙烯酸酐和光引发剂引入水凝胶系统中可使上述材料在 3D 打印期间发生光固化，进一步对上述材料予以冻干则可增强其机械性能并延长其降解时间；山羊体内外实验均证实，该支架结合软骨细胞可使具有典型空隙结构和软骨特异性细胞外基质的成熟软骨成功再生。这种新颖的 3D 支架具有令人满意的外形、孔结构、机械强度和降解速率，且其软骨再生的免疫原性较弱。

除干细胞移植外，基于干细胞归巢的水凝胶技术也是一种有前景的软骨修复方法，可以解决技术复杂性和安全性等问题。Lu 等将无细胞软骨基质与功能化的自组装肽组合，使其具有骨髓归巢的功能，构建复合水凝胶支架，将该支架植入兔膝关节的全层软骨缺损处，7 d 后体内基于 CD^{29+}/CD^{90+} 双阳性细胞的间充质干细胞（MSC）募集增加，且聚集蛋白聚糖、Sox9 和 Ⅱ 型胶原等软骨相关标志物的表达上调，3、6 个月后软骨样组织完全覆盖关节软骨缺损、表面光滑，与周围原生软骨相似。Sun 等用去细胞软骨基质衍生的支架与功能化自组装肽纳米纤维水凝胶修复兔软骨缺损，1 周后复合支架组不但实现缺陷部位内源性 MSC 的募集及浸润细胞向软骨细胞谱系的分化，而且实现透明样软骨的良好修复和软骨下骨的成功重建，而对照组多为纤维组织修复。上述研究为无细胞移植的体内软骨修复提供了一种有前景的方法。

Aisenbrey 等将人 MSC 封装在含有硫酸软骨素的光敏感性聚乙二醇水凝胶中，在动态压缩载荷或自由肿胀条件下培养 3 周，并用定量 PCR 和免疫组化方法对其进行鉴定，结果显示动态负载的硫酸软骨素可通过抑制 Smad1/5/8 和上调 p38 分裂原激活蛋白激酶（MAPK）产生支持 MSC 软骨形成和减轻纤维化的物理、化学信号。

三、在皮肤创面愈合中的应用

皮肤作为覆盖于人体表面的器官，很容易受到各种外界损伤。大面积皮肤缺损由于供区皮肤难以获得、恢复期较长及手术本身会带来损伤，修复较为困难。作为新型的伤口和创面敷料，水凝胶具有较高的保水能力和很好的生物相容性，可促进细胞迁移和再上皮化，已获得广泛关注。

多数伤口敷料既不能实现皮肤的无瘢痕再生，也不能实现毛囊和皮脂腺等附属物的完全恢复。Qi 等开发可光交联的丝胶蛋白水凝胶（SMH）并将 SMH 作为新型伤口敷料植入小鼠全层皮肤缺损模型以修复缺损，结果显示其不仅可以实现皮肤的无瘢痕愈合，而且有利于毛囊和皮脂腺等皮肤附属物的功能性再生。此外，为解决关节处的皮肤创面愈合，设计具有合适机械性能的伤口敷料有重要的实际意义。Qu 等设计了一种可自我修复的多功能可注射胶束 / 水凝胶复合材料，发现其具有与人体皮肤相当的模量及良好的伸缩性、压缩性和黏合性，且自愈能力、止血性能和生物相容性均良好，为关节处皮肤创面的愈合提供了良好的选择。具有良好机械性能并可自我修复的水凝胶作为皮肤创面愈合的敷料材料应用前景广阔。

除可以作为伤口敷料外，水凝胶材料还具有促进止血、加速组织再生并刺激成纤维细胞合成胶原的特性，在皮肤组织工程中广泛用作皮肤替代材料。Lei 等设计了一种新型生物相容性温度敏感性水凝胶，可携带 BMSC。体内植入实验证实，该复合体可明显促进创面愈合，不但可加速上皮细胞增殖和再上皮化，减少伤口和伤口周围组织的炎症反应，而且能够促进胶原沉积、TGF-β1 和碱性成纤维细胞生长因子（bFGF）的分泌和组织重塑，为皮肤组织工程提供了一种有前景的应用策略。此外，慢性难愈合糖尿病创面治疗和完全皮肤再生是临床上巨大的挑战，从多功能水凝胶中控制释放生物活性因子是修复慢性创面有前途的策略。Wang 等开发了一种可注射的 F127/ 氧化透明质酸 / 聚 ε-L- 赖氨酸（FHE）水凝胶，该水凝胶具有自我修复能力并含有抗菌多肽，在结合脂肪来源的间充质干细胞外泌体（AMSCs-exo）后，具有可注射的优点，可在 pH 刺激下释放外泌体，并具有有效的抗菌活性，能够加速皮肤愈合过程。体内实验证实，与单独外泌体或 FHE 水凝胶相比，结合了外泌体的 FHE 水凝胶显示出更好地愈合效果，可显著增强糖尿病患者全层皮肤创面的愈合效率，增加创面闭合率并促进血管的快速生成、再上皮化和胶原沉积，且在经结合了外泌体的 FHE 水凝胶处理的创面中也可出现皮肤附属物和较少的瘢痕组织，表明其具有实现皮肤完全再生的能力。该研究为制备可控制外泌体释放的多功能水凝胶提供了新途径。

Xi Loh 等设计了一种纳米纤维素 / 丙烯酸水凝胶，在分子水平上研究水凝胶影响人真皮成纤维细胞（HDFS）的行为，结果发现该水凝胶可影响白细胞介素（IL）-6、IL-10、基质金属蛋白酶（MMP）-2、组织蛋白酶 K（CTSK）、成纤维细胞生长因子（FGF）-7、粒细胞——巨噬细胞集落刺激因子（GM-CSF）、TGF-β1、环氧酶（COX）-2 和凝血因子Ⅲ（F3）等 9 个伤口愈合因子的表达，具有维持 HDFS 活性和形态、限制细胞迁移、促进细胞快速转移和加速伤口愈合的能力。

水凝胶的理化性质和生物性质独特，可作为有效的皮肤再生材料之一。此外，在水凝胶中加入功能性生物分子或生物材料的设计也是一种很有前途的方法。

四、水凝胶应用现状及展望

随着材料科学的发展，大量多功能材料应运而生，并应用于生物医学领域的各个方面。在近年各种生物材料的研究中，水凝胶由于具有成本低、功能多、可再生、可降解及生物相容性良好等优点而备受瞩目。水凝胶在骨科领域中的应用主要聚焦于组织工程、创面愈合以及药物传递等研究，部分研究结果已应用于临床。随着生物材料和生物反应器的发展以及学者们对组织修复的细胞信号机制的了解进一步深入，水凝胶将可以更精确地模拟天然细胞外基质，在骨及软组织修复中发挥更大的作用。

第四节　水凝胶在药物缓释中的应用

药物缓释剂可以减少病人的给药次数，还使病人体内药物浓度稳定，使患者易于耐受。水凝胶具有良好的生物相容性和生物可降解性，适于作为药物缓释的药物载体。本节不仅阐述了水凝胶在药物控制释放体系方面的优势，而且概述了不同制备方法对应水凝胶在药物缓释上的应用。除此之外，还阐述了新型的水凝胶搭载疏水性药物的方法。

一般的给药方式易导致人体内的药物浓度不稳定，上下波动较大，有时超过病人的药物最高耐受剂量，有时又低于有效剂量。而频繁小剂量给药可以避免血药浓度波动过大，但往往使患者难以接受。药物释放体系是以某种物质作为药物的载体，制成一定剂型，使药物按设计要求，缓慢释放进入体内，以达到治疗某种疾病的目的。药物经过合适的载体负载后，不仅能够达到缓释的目的，还能够改变药物的给药方式，以此减少给药次数，降低药物不良反应，提高药物的生物利用度。因此，缓释性长效药品的制备非常重要。水凝胶是具有三维网状空间结构的聚合物，它含水量高、生物相容性好，是最具应用前景的可注射生物材料之一，近来广泛应用于药物释放和组织工程领域。水凝胶还可以很好地稳定水溶性药物，尤其是减少多肽类药物的酶解，常被用于水溶性药物的缓释体系研究。

一、水凝胶简介

凝胶（Gel）是一种特殊的分散体系，一般指在溶剂中不能被溶解但可以溶胀成三外网状结构的半固态物质。水凝胶（Hydrogel）则是以水为分散介质的凝胶，具有网状交联结构的水溶性高分子中引入一部分疏水基团和亲水残基，亲水残基与水分子结合，将水分子连接在网状内部，而疏水残基遇水膨胀的交联聚合物。水凝胶能被水溶胀但不溶于水，它在水中能够吸收大量水分而溶胀，并在溶胀之后能够保持其原有结构而不被溶解。

二、水凝胶在药物缓释方面的优势

由于水凝胶具有生物黏附性、生物相容性和可降解性等众多优点，而且还有多层次、多尺度的超微结构，所以是最常用的药物载体之一。由于水凝胶聚合物网络中充斥有大量的水分，与机体组织十分相似，柔软、润湿的表面以及与组织的亲和力大大减少了材料对周围组织的刺激，使得水凝胶具有良好的生物相容性。自20世纪40年代以来，有关水凝胶的制备工艺和理化性质的研究十分活跃，其应用也已经渗入到医药卫生、生物、食品、材料等领域。

2013年1月9日出版的《科学·转化医学》上美国约翰·霍普金斯大学医学院发表论文称，他们开发出一种新型水凝胶生物材料，在软骨修复手术中将其注入骨骼小洞，能帮助刺激病人骨髓产生干细胞，长出新的软骨。在临床试验中，新生软骨覆盖率达到86%，术后疼痛也大大减轻。埃里希还说，研究小组正在开发下一代移植材料，水凝胶和黏合剂就是其中之一，二者将被整合为一种材料。此外，她们还在研究关节润滑和减少发炎的技术。加拿大最新的研究显示，水凝胶（Hydrogel）不仅有利于干细胞（Stem cell）移植，也可加速眼睛与神经损伤的修复。研究团队指出，像果冻般的水凝胶是干细胞移植的理想介质，可以帮助干细胞在体内存活，修复损伤组织。由此可见，水凝胶在医药卫生方面应用十分广泛，并且具有十分重要的作用。

水凝胶是亲水性聚合物形成的网络结构，由均聚物或共聚物组成，在其结构中由于化学交联或物理交联的存在，如缠结或晶粒，导致水凝胶不溶于水，但是水凝胶与水是热力学相容的，因而可以在水中溶胀并吸收大量的水，而保持其完整的结构。一般认为，水凝胶聚合物具有良好的生物相容性，原因在于该聚合物大量吸收水分的特性，大量吸收的水分充斥于聚合物网络中，较大程度地伸展于被交联的大分子链，使整个材料具备了一种流体的性质，这与充盈有大量水性液体的机体组织极其相似，柔软、润湿的表面以及与组织的亲和性大大减少了刺激性。而且水凝胶作为大分子药物的控释材料更为适宜，因为水凝胶所含有的大量水性环境适合极性蛋白质分子的扩散。与疏水聚合物相比，同被固定化的酶或组织只有弱得多的相互作用，在有害的环境（如胃里的酶或者低pH）里，水凝胶可以保护蛋白质不受损害，固定在水凝胶中的生物分子活性能够保持较长的时间。

三、不同制备方法的水凝胶在药物缓释上的应用

透明质酸凝胶在药物缓释上的应用。透明质酸（Hyaluronan，Hyaluronic Acid，HA）是一种链状聚阴离子黏多糖，由（1-β-4）D-葡萄醛酸（1-β-3）N-乙酰基-D-氨基葡糖的双糖单位重复连接组成。透明质酸是一种分布在多种组织细胞外基质中的蛋白多糖，它广泛地存在于生物体内，并且以其独特的分子结构和理化性质在机体内显示出多种重要的生理功能，具有十分良好的生物相容性，并在生物发育和机体损伤修复过程中发挥着重要作

用。1934 年美国哥伦比亚大学眼科教授 Meyer 等首先从牛眼玻璃体中分离出该物质。基于透明质酸良好的润滑性、黏弹性和非免疫原性，透明质酸被广泛应用于临床，包括在骨科和眼科手术中作为保护剂和填充剂，治疗骨性关节炎（OA）和类风湿性关节炎（RA），预防外科手术术后黏连，以及在多种药物制剂中作为药物载体。

HA 凝胶化的制备方法分为化学方法和物理方法。透明质酸通常可通过分子间物理作用力，如微结晶、疏水作用、氢键、静电作用以及链间缠结等进行暂时性物理交联，这种过程通常是可逆的。物理方法一般使用冷冻解冻法制备 HA，这样形成的物理交联的 HA 凝胶具有较好的力学性能、良好的热稳定性和抗酸、抗酶降解性能。此外，在生理离子强度下，通过调节透明质酸溶液的 pH 至 2.5 也可形成黏弹性的类凝胶。但是物理凝胶的力学性能在一些实际应用上仍然欠佳，为了提高凝胶强度，需使用化学交联法制备透明质酸水凝胶。但是同样的化学方法制备的 HA，因其在化学交联或衍生化的过程中可能会产生化学残留而使产物具有潜在毒性，会削弱 HA 本身具有的良好的生物相容性。化学交联法制备透明质酸常用的交联剂有戊二醛、碳二亚胺、环氧化合物、多功能酰肼类等。Lu P L 等指出，碳二亚胺——透明质酸水凝胶比戊二醛——透明质酸水凝胶的表面更加光滑、透明，降解率快，且细胞毒性更低。

表面活性剂水凝胶在药物缓释上的应用。表面活性剂一般是两亲性有机化合物，由亲水的极性基团（hydrophilic group）和亲油的非极性基团或疏水集团（hydrophobic group）两部分组成，其中疏水部分一般为烷基或芳基烃链。表面活性剂分子能够在溶液和界面上自发结合形成分子有序聚集体，从而在润湿、铺展、起泡、乳化、增溶、分散、洗涤过程中发挥重要的作用，主要归因于表面活性剂的两个基本特性：一是表面活性，二是溶液中自聚集。

早在公元前 2500 年—1850 年人类就已经有了用羊油（三羧酸酯）和草木灰制造肥皂的记载。到 19 世纪中叶，便出现了化学合成的表面活性剂。表面活性剂小分子在溶液中能够形成多种聚集体结构，如球状胶束、蠕虫状胶束、平面层状结构、囊泡、液晶、纤维等，这些聚集结构有可以进一步组装形成多维度、多层次、多功能的超分子结构。因此，表面活性剂凝胶体系具有较高的黏弹性和屈服应力值。根据表面活性剂分子在凝胶中的运动状态不同，表面活性剂类凝胶可以分为表面活性剂类凝胶体系（surfactant gel-like systems），也称类液体凝胶（liquid-like gel），和结晶性表面活性剂凝胶（surfactant crystalline gels），也称类固体凝胶（solid-like gel）。其中表面活性剂分子处在动态的凝胶称为类凝胶，如蠕虫状胶束凝胶、囊泡凝胶、液晶凝胶等。山东大学的宋沙沙课题组将全氟脂肪酸（PFLA）与非离子表面活性剂（C12EO4）在一定比例下混合制得了囊泡凝胶，这种囊泡凝胶对 pH 敏感，通过改变 pH 可以实现刚性囊泡向柔软的平面层状结构的转变，可应用于药物的运输和可控释放。

壳聚糖水凝胶在药物缓释上的应用。壳聚糖（CS）是从甲壳素提取的天然产物，是一种纯天然阳离子多糖，是自然界中含量最丰富的天然碱性多糖，学名（1，4)-2- 氨基 -2-

脱氧 - β -D- 葡聚糖。自 1859 年，法国人 Rouget 首先得到壳聚糖后，这种天然高分子的生物官能性和相容性、血液相容性、安全性、微生物降解性等优良性能被各行各业广泛关注，在医药、食品、化工、化妆品、水处理、金属提取及回收、生化和生物医学工程等诸多领域的应用研究取得了重大进展。针对患者，壳聚糖降血脂、降血糖的作用已有研究报告，同时，壳聚糖对肿瘤细胞也有着良好的抑制效果。

壳聚糖作为水凝胶材料具有良好的三维结构，通过其敏感性的特点在环境中改变结构，壳聚糖在酸性条件下（pH < 5）可溶胀成凝胶，使药物延缓释放，但是在碱性介质中稳定，因此在体内的应用受到限制，将壳聚糖控制脱乙酰度降解成小分子量或经引入亲水基团制成的水溶性壳聚糖衍生物，其溶解度明显改善且刺激性减弱。壳聚糖与海藻酸钠 1：2 混合还可制成 pH 不依赖性载体。另外壳聚糖与甘油磷酸酯制成的温敏性凝胶在体温时呈凝固体，能控制药物释放。带正电性和良好的生物黏附性使其在黏膜表面负电荷条件下黏附性增加，药物滞留时间延长。此外，壳聚糖分子内具有活性基团 -NH$_2$，可与含双官能团的醛或酸酐药物化学偶联，使药物大量分布于偶联结构内，缓慢释放。因其良好的缓释能力以及降解能力，壳聚糖缓释材料在药物方面应用十分广泛。同时，由于壳聚糖能被生物体内的溶菌酶降解生成天然的代谢物，具有无毒、能被生物体完全吸收的特点，因此用它作药物缓释剂具有较大的优越性。

水凝胶搭载疏水性药物的方法。由上我们得知，水凝胶是一种以水为分散介质的凝胶，内部是亲水性基团，所以常常搭载的药物都是亲水性的药物，但是事实上有许多的药物都是疏水性的，而这样疏水性的药物水凝胶是无法直接搭载的。Elinor Josef 等人便提出了一种新型的控制疏水性药物释放的方法——便是采用微乳液进行增溶。

1943 年 Schulman 等在乳状液中滴加醇，首次制得了透明或半透明、均匀并长期稳定的微乳液。微乳液通常是由油、水、表面活性剂、助表面活性剂和电解质等组成的透明或半透明的液状稳定体系。与油、水在一定范围内可混溶。分散相为油、分散介质为水的体系称为 O/W 型微乳状液，反之则称为 W/O 型微乳状液。要增溶疏水性药物，则需要采用 O/W 型的微乳液。

从上述分析中可以看出，水凝胶在药物缓释上有着广泛的应用，而不同方法制备的不同水凝胶材料也对应着相应的主要应用场所。

但水凝胶十分脆弱，很容易破损，这在一定程度上限制了它们的应用，因此需要提高水凝胶在溶胀状态时的机械强度。此外，单一聚合物又总是不能满足人们所有的性能要求，需要通过不同单体共聚，高分子的接枝共聚，不同类型的高分子材料的共混、复合等方法可改善单一聚合物的不足，扩展其应用。由于高分子材料大多具有环境响应性，会根据外界的不同刺激做出不同的响应，譬如温度响应、pH 响应、光响应、压力响应、生物分子响应、电场响应等等，具有智能性，所以近年来智能性水凝胶的研究和开发异常活跃，已成为当今研究的热点。

第五节　智能水凝胶在分离分析中的应用

  智能水凝胶对外界条件刺激具有感知、传感处理和驱动，并通过体积的溶胀和收缩来响应外界刺激。智能水凝胶材料在水中发生溶胀时，水分子是以结合水和自由水的形式存在于网络结构中，在物理和化学刺激下，水凝胶又能够脱水消溶胀。智能水凝胶集吸水、保水和脱水于一体，并具有生物兼容性、柔软性及刺激响应性，这些特性使得水凝胶在生物医学和仿生材料中得到应用。本节论述了 3 种智能水凝胶材料的制备，以及近年来在分离分析中的应用研究。

  水凝胶是一种在水中溶胀并保持大量水分而又不溶解的交联高分子聚合物。根据对外界刺激的响应情况，水凝胶可分为普通水凝胶和智能水凝胶。普通水凝胶是传统意义上的保水材料，而智能水凝胶可感知外界环境的细微物理化学变化，如温度、pH、光、湿度、磁场、压力、特定化学物质以及离子强度等的变化，并通过体积的溶胀和收缩、形状弯曲、颜色变化和释放目标物等来响应这些来自外界的刺激，其中体积变化是智能水凝胶常见的响应信号。各种类型智能水凝胶具有的主要响应变化，及其在分离、分析中的应用。根据刺激源的不同，智能水凝胶又可分为温度响应性水凝胶、pH 响应性水凝胶、光响应性水凝胶、生物分子响应性水凝胶、磁场响应性水凝胶、电场响应性水凝胶和压力响应性水凝胶等。

  目前研究最为广泛的是温度响应性水凝胶，这一类水凝胶的单体通常带有亲水基团，并相连一个甲基、乙基或丙基，如 N 取代聚丙烯酰胺得到聚 N- 异丙基丙烯酰胺（PNIPAM）、聚 N，N- 二乙基丙烯酰胺（PDEAM）、聚 N- 乙基甲基丙烯酰胺（PNEMAM）、聚 N- 乙烯基异丁酰胺（PNVIBAM）和聚 N- 乙烯基己内酰胺（PNVCa）等。其中 PNIPAM 水凝胶的低临界相转变温度（LCST）接近人的生理温度和可调的特点，因此引起了人们极大的兴趣。pH 响应性水凝胶的分子骨架中往往含有大量易水解的基团，如羧酸、磺酸、伯胺、仲胺和季胺等，当外界的 pH 发生变化时，这些基团能产生不同程度的解离，水凝胶的内外离子产生浓度差，引起网络内氢键的生成或断裂，显示出水凝胶的 pH 敏感性。光响应性水凝胶在受到光照下可发生体积相变，常见的是在温敏性材料中掺入感光分子，感光分子能将光能转化为热能，使水凝胶内温度发生改变，当温度达到材料的相转变温度时，水凝胶发生物理化学变化从而实现光敏感性。生物分子响应性水凝胶则是模拟生命活动过程中的特定分子识别，能对特定的生物分子产生刺激响应性。磁场响应性水凝胶是将磁性材料预埋在水凝胶中，在施加磁场时将诱发水凝胶发生形状或体积的变化。电场响应性水凝胶在受到电场后，自由离子发生定向移动使得水凝胶内外离子浓度或水凝胶 pH 的重新分布，引起渗透压变化，导致水凝胶的体积或形状的改变，此类水凝胶主要应用于传感器、药物释放和防生材料等领域。压力响应性水凝胶能随着外界压力变化出现体积相变现象，这种相变现象在低压下出现坍塌，在高压下出现溶胀。对于具有压力和温敏双重响应性的水凝胶而言，水凝胶的 LCST 将随着压力的增加而上升，因此在常压恒温下处于收缩状态的水凝胶将随着压力的增加出现溶胀。智能水凝胶具有独特的生物兼容性和响应性，因此在传感器、化学转换器、分子的分离分析、形状记忆开关和药物递送等方面具有广阔的应用前景。本节综述了智能水凝胶的制备方法，着重综述智能水凝胶在分离分析中的应用。

一、智能水凝胶的制备

半互穿网络智能水凝胶的制备。半互穿网络智能水凝胶是由两种或多种相互贯穿的交联聚合物组成，其中至少有一种组分是紧邻在另一种组分存在下聚合或交联的，在三维空间中以不同的镶嵌方式构成的一种环连体。半互穿水凝胶既有化学交联也有物理交联，性能与组成通常呈非线性关系，即便一种组分含量很少，力学性能往往能超过其中的任一组分。温敏性 PNIPAM 水凝胶能够在温度刺激下实现可逆的体积溶胀和收缩，但 PNIPAM 水凝胶的机械性能差，限制了该水凝胶的实际应用。Li 等将制备的聚 N- 异丙基丙烯酰胺 - 聚二烯丙基二甲基氯化铵（PNIPAM-PDADMAC）半互穿网络结构水凝胶涂在由金包裹的聚二甲硅氧烷的表面，该双层膜结构在温度和 pH 刺激下可产生可逆重复的双向弯曲响应。PNIPAM 水凝胶具有温敏性，但材料存在柔软，当与聚二烯丙基二甲基氯化铵形成半互穿网络时，其机械强度得到提升，在温度或 pH 控制下可作为软触手用于水中微型物体的搬运。Means 研究团队将带负电荷的聚 2- 丙烯酰胺 -2- 甲基丙磺酸（PAMPS）和温敏性聚合物 P（NIPAM-co-MEDSAH）构筑成双网络水凝胶，其压缩模量为 1.5 MPa，拉伸强度达到 23 MPa，研究发现 2- 丙烯酰胺 -2- 甲基丙磺酸（AMPS）和 [2-（甲基丙烯酰基氧基）乙基] 二甲基 -（3- 磺酸丙基）氢氧化铵（MEDSAH）两种单体的用量影响水凝胶的抗压强度，得到的半互穿网络水凝胶仍具有与聚异丙基丙烯酰胺相似的温敏特性。

单体和交联剂类型对智能水凝胶响应性能和抗压强度有重要影响，但在实际应用中，对单体和交联剂的选择非常有限，因此需要对材料进行功能化修饰，通过改变功能单体的亲水性和疏水性，可有效调节水凝胶的溶胀——收缩性能、抗拉强度和透光性等。Ma 等采用物理和化学交联的方法将甲基丙烯酰基修饰的壳聚糖（MACS）引入 PNIPAM 温敏材料中，制备成具有双重网络结构的温度响应性水凝胶，随着 MACS 用量的增加，水凝胶的消溶胀速度明显加快。Huang 等将表面功能化氧化石墨烯（GO）、壳聚糖（CS）和 N- 异丙基丙烯酰胺（NIPAM）单体组成的预聚液制备出 pH—温度双敏性 PNIPAM 复合纳米水凝胶。温敏测试表明，经 3-（三甲氧基甲硅烷基）丙基丙烯酸酯功能化修饰的 GO 复合水凝胶的交联度明显增大，有效地改善消溶胀率和力学性能，相比之下该水凝胶的 pH 响应性仅次于温敏性能。

多孔智能水凝胶的制备。水凝胶在吸水前呈紧束状态，初始阶段的吸水是一种毛细管吸附和扩散的物理过程，作用力弱，水分子的扩散速度慢，因此初始阶段的吸水速率较低。多孔水凝胶很好地解决了这些问题，在水凝胶中引入孔状结构，有效增加水凝胶内部的比表面积，水能迅速地进入水凝胶内部，使更多的水分子和亲水基团接触，有效地提高材料的吸水速率和刺激响应速度。

多孔水凝胶的制备方法有发泡法、致孔法、冷冻干燥法、相分离法及模板法等。通过发泡法可制备孔径几十至几百微米的超孔凝胶，它是在聚合体系中加入发泡剂或低沸点的致孔剂来形成多孔的方法，生成的气体被蒸发放出，留下泡状多孔结构。常用的致孔剂有 $NaHCO_3$、烷类和醇类等。在水凝胶预聚液中加入一定量的发泡剂 $NaHCO_3$，使得在反应过程中不断产生气体，产生空腔区域，容易得到多孔水凝胶，该方法有效地增加水凝胶的吸水性和膨胀性。Ovadia 等以环己烷为致孔剂，制备甲基丙烯酸羟乙酯 - 甲基丙烯酸（HEMA-MAA）水凝胶，得到的多孔性水凝胶具有更强的吸水性。冷冻干燥法是将预聚液冷冻至致孔剂的冰点温度形成冰晶，此时单体从冰晶中被挤压出来，分散在冰晶周围，待在低温下聚合反应完成，经解冻后冰晶融解留下空腔，得到多孔结构的水凝胶。Thomas 等在光引发聚合下采用冷冻干燥法制备聚乙二醇多孔水凝胶，得到的大孔水凝胶适合用于多肽的功能化修饰和负载细胞。

对多孔水凝胶功能化修饰可改变水凝胶的形态、刺激响应源和机械强度。Guo 等发现采用丙烯酰胺胞嘧啶对 PNIPAM 功能化后，在 pH=7.5 时，聚合物以溶液状态存在；在 pH=5.2 时形成水凝胶。若将水凝胶基质加热至 45℃时，水凝胶转变成收缩的固体，将固体冷却至 25℃时水凝胶溶胀恢复。Wei 等将 2，2，6，6- 四甲基哌啶 -1-氧基氧化竹纤维素纳米纤维（TO-CNF）通过原位聚合修饰在 PNIPAM 表面，可有效地改善材料的热响应性和机械性能，其透光性和未修饰之前的材料无明显差异。

智能微凝胶的制备。微凝胶是一种微米级的凝胶颗粒，具有分子内交联结构，相对于块状水凝胶，具有比表面积大和环境响应速度快的特点。常见的微凝胶有互贯网络型微凝胶和核——壳型微凝胶。互贯网络型微凝胶是指由两种或两种以上各自交联的聚合物形成相互贯穿或缠结网络结构的微凝胶，两种聚合物网络间没有化学键的存在，分别可以对不同的外部刺激保持各自的响应性。Ma 等以温度响应的 PNIPAM 为种子，交联聚（三丁基乙基溴化膦 - 甲基丙烯酸 3- 磺酸丙酯钾盐）（P[P4，4，4，6][MC$_3$S]）离子液体，得到 PNIPAM/P[P4，4，4，6][MC$_3$S] 半互穿网络型温度响应微凝胶，动态光散射表明在 20℃ 水中微凝胶粒子的直径约为 250 nm。在核——壳结构型的微凝胶中，其内部的核材料和壳材料都有响应行为，然而核和壳各自的溶胀——消溶胀行为并不是独立的，而是相互影响与制约，各自的相变特性产生的一些特殊现象可以通过散射和量热学等手段进行检测。Kang 等通过单电子转移活性自由基聚合的方法制备了具有双亲性及温度响应性 PNIPAM 复合水凝胶球形胶束，该微球胶束材料以乙基纤维素（EC）为核，PNIPAM 为壳，且接枝聚合反应活性可控，可用于合成结构明确且可控的 EC-g PNIPAM 温敏共聚物。Liang 等以甲基丙烯酸正丁酯——丙烯胺核——壳结构的微凝胶作为交联剂和引发剂，将其和丙烯酰胺——丙烯酸水凝胶氢键交联后，再浸入 $FeCl_3$ 溶液离子交联形成复合水凝胶，由于复合材料中同时兼有微凝胶的共价键、Fe^{3+} 配位键和水凝胶本身的氢键协同作用，使得该复合水凝胶具有好的柔韧性和快速恢复形变性能。

二、智能水凝胶在分离分析中的应用

生物传感器。水凝胶表面含有羟基、羧基、氨基和酰胺基团等，同时具有生物兼容性，容易在表面修饰具有生物识别基团，并且三维水凝胶的多孔性有助于氧化还原的分子和生物识别基团在传感界面发生电子转移，利于信号放大和提高检测灵敏度。

王立世课题组在玻碳电极表面合成温敏性水凝胶，制备具有温度响应的自清洁蛋白质分子印迹生物传感器，通过调节温度，水凝胶薄膜对牛血清白蛋白（BSA）具有吸附和解吸的作用，在最优条件下，对 BSA 的检出范围为 0.02–$10\mu mol/L$，检出限为 $0.012\mu mol/L$。Mac Kenna 等将脂肪族二胺和聚乙二醇缩水甘油醚快速交联聚合形成 pH 响应性水凝胶，并将葡萄糖氧化酶固定在阳离子网络结构的水凝胶中，滴在碳布电极表面制备葡萄糖响应生物传感器，利用电化学阻抗谱可测到 1–$100\mu mol/L$ 的线性范围，有望在可穿戴设备中用于汗水或组织液血糖浓度的测定。Hao 等在多孔性三维氮掺杂石墨烯水凝胶（3DNGH）表面引入 Ag 和 TiO_2 金属纳米粒子，利用 Ag 纳米粒子的局部表面等离子体共振得到放大的光电化学性能。研究人员在水凝胶表面接联适配体用于凝血酶的无标记测定，其线性范围为 0.01–$10\ pmol/L$，检测限低至 $3\ fmol/L$，表明 $Ag/TiO_2/3DNGH$ 光敏水凝胶在生物传感器中具有应用前景。

上述是将温敏性、pH 和光响应水凝胶直接用于生物传感器，另外还可以在其他类水凝胶表面修饰生物识别基团用于生物传感。苯硼酸及衍生物材料对糖蛋白具有特异性吸附，在一定条件下能捕获和释放糖蛋白。Mesch 等在 Au 纳米线表面铺设苯硼酸修饰的水凝胶薄层，该薄层对低浓度的葡萄糖具有敏感性，相应地产生可逆性收缩 - 溶胀响应，成功测到眼泪中的葡萄糖。Tang 等采用静电和配位方法制备具有氧化还原和导电型的海藻酸钠 $-Pb^{2+}-$ 氧化石墨烯（SA-Pb^{2+}-GO）水凝胶。GO 具有比表面积大和导电性好的优点，水凝胶表面的壳聚糖可吸附 Pb^{2+} 得到信号放大和提供活性位点固定化 CA242 抗体。Rong 等在玻碳电极表面通过氧化聚合方法合成水凝胶酶标记的电流型癌胚抗原免疫传感器，水凝胶具有的 π-π 共轭长链和三维连续结构，其比表面积大和吸附容量高的特点，因此能产生强的电流信号，其检测灵敏度达到 $0.16\ g/mL$。Choi 等提出聚合酶链式水凝胶微柱用于检测阿兹海默病（AD）中的 miRNAs 策略，该研究首次采用多次紫外照射将丙烯酸多缩乙二醇双酯（PEGDA）微柱固定在塑料微孔上，成功用于测定人血浆样品中的 AD-miRNAs，检测到 $10\ pg/\mu L$ 的靶标分子。

荧光信号放大。智能水凝胶具有网络孔状结构，将荧光染料放置在水凝胶网孔中，在刺激响应下水凝胶发生收缩，染料分子密度增大使得荧光信号得到放大，该策略在温度响应水凝胶比较常见。Kim 等在 PNIPAM 和葡糖氧化酶水凝胶复合材料中包埋 pH 敏感性荧光染料，相比于其他糖类和金属离子，水凝胶复合材料对葡萄糖具有较高的选择性，在葡萄糖水溶液中的荧光显色线性范围为 $100\,\mu\,mol/L$–$100\,mmol/L$。Xu 等提出一种反蛋白石 PNIPAM 水凝胶光子晶体条形码检测蛋白的策略，该条码在体温下保持溶胀状态，此时材料中的反蛋白石结构孔洞处于连通状态，目标蛋白扩散到条形码孔洞中参与反应，在检测阶段，条形码收缩体积，荧光分子密度相对增大、荧光信号增强。该检测策略对甲胎蛋白和癌胚抗原的检出限分别为 0.623 ng/mL 和 0.492 ng/mL。Li 等在常温水相中通过原子自由基聚合合成"高亮发光"的 PNIPAM 水凝胶，该研究小组在水凝胶预聚液中掺入带双官能团螯合配合基的二元羧酸，其中一个官能团能螯合 Tb^{3+} 和 Eu^{3+}，另一个官能团起到引发自由基聚合的作用，引入不同摩尔浓度的镧系元素能使水凝胶发出 5 种不同的冷光。

可视化检测。光子晶体存在周期性结构，特定波长的入射光在其表面产生布拉格衍射，由布拉格方程：$n\lambda=2dsin\theta$（其中 n 为反射级数，λ 为波长，d 为晶面间距，θ 为入射光与晶面之间的夹角）可知，改变其中的一个变量，都将使布拉格衍射峰偏移，使光子晶体的颜色发生变化。智能水凝胶在刺激源作用下发生体积变化，故将此水凝胶与光子晶体结构相结合，容易制备出响应性光子晶体，结合复合水凝胶光子晶体的颜色类型及强度变化，可实现对目标物的定性和定量分析。Tan 等利用斥力诱发沉淀自组装的方法将光子晶体凝胶材料包埋在温敏性水凝胶中，得到的薄膜材料具有色彩显著、半带宽窄和宽幅度变化的特点，可用于快速检测痕量离子、表面活性剂、乙醇和 pH 值，实现了痕量目标物的特异性识别和检测。Luo 等采用微注射和紫外光聚合技术构建磁性水凝胶光子晶体微球，通过改变磁场方向可轻易实现颜色的"开"和"关"的功能，同时具有温度和试剂响应性，并成功用于可视化检测甲醇和乙醇。Hu 等将水凝胶制备技术和分子印迹技术结合起来，制得茶碱分子印迹微凝胶光子晶体，发现印迹水凝胶随着茶碱浓度的升高产生规律性红移，对茶碱分子具有好的识别能力，对尿中茶碱成分的检出限为 0.1 fmol/L。Xu 等将条形码技术用于捕获和测定复杂样品中的致病菌，该条形码为聚乙二醇（PEG）多孔水凝胶反蛋白石结构，多孔水凝胶的高比表面积有利于固定适配体探针分子，实验表明，该材料在 2.5 h 可有效捕获浓度为 100 CFU/mL 的细菌，明显优于标准方法。Martínez 等采用自由基聚合技术制备邻二氮菲复合水凝胶，成功用于高通量可视化检测牛奶中的游离 Fe^{3+}。

样品分离。智能水凝胶在特定条件下（如 pH、温度和离子强度）呈疏水性，对疏水目标物具有吸附作用，当改变这些外界条件时则呈亲水性，对疏水目标物的亲和力明显减弱，如将 PNIPAM 水凝胶制备成吸附材料和智能分离膜，可用于蛋白质分离、油水分离和盐水淡化等。Liu 等将丙烯酸、聚氧乙烯醚和 N- 异丙基丙烯酰胺单体合成一种高聚物复合水凝胶，水凝胶在 37℃时具有吸附牛血清白蛋白的功能，当温度降至 25℃时，水凝胶能完全解析牛血清白蛋白，表现出温度敏感性能。Li 等研究热敏磁性 PNIPAM 蛋白质分子印迹复合微球，该微球具有良好的蛋白质模板分子识别能力，高温时水凝胶易形成形状记忆，有利于捕获模板分子；低温环境下有利于模板分子从印迹腔中释放。姚克俭课题组将 PNIPAM 温敏性水凝胶用于水杨酸的分子印迹，实现水凝胶的智能识别和可控释放。于谦等在氨基化硅片表面通过引发原子转移自由基聚合（ATRP）接枝 PNIPAM 聚合物刷，改性后的材料对血浆中纤维蛋白原具有吸附作用，在不同温变下材料的吸附容量也不一样。Chen 等研究小组将二茂铁掺入 PNIPAM 制备成具有温度响应、离子强度响应和磁性响应的水凝胶，在响应源刺激下水凝胶发生变色、收缩或溶胀变化，成功用于染色油的可控释放。针对商用盐水淡化水凝胶粉末通量低的问题，Wei 等在商业聚氨酯泡沫结构中采用控制自由基单体（N-异丙基丙烯酰胺和丙烯酸钠）方法制备聚氨酯 PNIPAM 复合水凝胶，该水凝胶的盐水淡化通量明显高于商用水凝胶粉末。Teng 等采用原位自由基聚合方法制备 PNIPAM 黏土纳米复合水凝胶过滤膜，膜材料在水中具有超疏油性、抗黏附性和自清洁功能，适合用于油/水分离。Keplinger 等在 $100\mu m$ 云杉横截面表层制备 PNIPAM 水凝胶，云杉的各向异性分层微孔结构起到支架作用，能有效的提高复合水凝胶的机械性能，有望应用于膜分离材料。

水凝胶具有高溶胀和高吸水性，机械强度弱，材料本身的非特异性吸附限制了其高效结合目标物的能力和灵敏检测。层状双氢氧化物和水凝胶之间具有强的作用力，将层状双氢氧化物和水凝胶制备成色谱整体柱，既能有效地改善水凝胶的机械强度，又可作为吸附剂用于样品分离。本课题组已做过凝胶色谱柱的研究，将凝胶色谱柱成功用于复杂样品中黄曲霉毒素、磺胺类药物和荧光剂的在线分离。

表面增强拉曼（SERS）基底。待测样品成分复杂、目标物浓度低，对目标物预富集可有效提高灵敏度。水凝胶具备柔性和环境友好性，已作为 SERS 基底用于无损识别古画中的有机染色剂。此外，水凝胶的网络多孔结构使得其质量传递速率快，适合作为 SERS 基底用于目标物的快速捕获富集。智能水凝胶在 SERS 基底中的主要应用。Bao 等在海藻酸钠网络中合成金纳米颗粒用于多环芳烃（PAHs）的拉曼测定，发现目标物进入水凝胶三维网络结构与水凝胶中的 Au 纳米颗粒形成拉曼热点，得到强的 SERS 信号，该拉曼基底材料成功用于 4 种 PAHs 的测定，得到苯并（a）芘的检出限为 0.365 nmol/L。水凝胶在干燥和水化两种条件可形成收缩和溶胀两种形态，将水凝胶用于负载具有 SERS 活性的纳米颗粒，经过刺激响应使水凝胶体积减小，致使 SERS 纳米颗粒相互靠近，使 SERS 信号增强，该方法已成功用于滴滴涕和杀虫剂的拉曼测定。纳米粒子均匀分散在水凝胶三维结构中所形成的热点，促使水凝胶的体积收缩形成更强的拉曼信号。Wu 等将 Au 纳米粒子沉积在 PNIPAM 温敏性水凝胶表面，当温度升高时水凝胶收缩致使 Au 纳米粒子相互靠近，呈现出强的 SERS 信号，成功用于福美双杀菌剂的测定。Liu 等在多孔水凝胶微球表面接枝抗体，再单独制备具有核壳结构外包二抗的金银染料拉曼探针微球，使用时水凝胶表层的抗体识别肿瘤标志物分子，再与拉曼探针微球表面的二抗组成双抗夹心结构，经拉曼检测双抗夹心结构中的金银染料拉曼探针信号，间接得到肿瘤标志物的浓度，比传统电化学发光免疫法具有更高的灵敏度和宽的线性范围。Jiang 等将聚（N-异丙基丙烯酰胺-N-乙烯基吡咯烷酮)(P(NIPAM-NVP))制备成水凝胶薄膜,再在水凝胶网络结构中合成具有金银核壳结构的纳米棒(GNRs),在温度控制下水凝胶发生收缩,金银纳米棒之间的距离被拉近,SERS信号显著增强。研究小组将P(NIPAM-NVP)/GNRs作为SERS基底材料用于测定农药残留,发现这种水凝胶具有富集目标物的特性,实验表明对敌草快的富集因子达到4,检出限为2.7×10^{-13} mol/L。Song等发现一种在水中可再生的拉曼探针,他们在胶体晶体水凝胶表面包裹贵金属单分散纳米晶层,调节水温后纳米晶层发生可逆性折皱,间接调整贵金属纳米颗粒之间的距离,其表面等离激元相应地发生可逆性的"开"和"关"。

细菌在生物膜中是通过群体感应调节(QS)来交流的,QS与细菌的致病能力息息相关,为了研究QS的作用机理,Bodelón等将Au纳米颗粒包裹在PNIPAM多孔水凝胶中,接着在水凝胶表面生长生物膜,大颗粒杂质被截留在水凝胶薄膜外层,生物膜的小分子分泌物则可以通过水凝胶孔洞到达Au纳米颗粒表面而发出强SERS信号,该研究实现了对绿脓杆菌分泌物绿脓菌素的检测。

综述了半互穿网络智能水凝胶、多孔智能水凝胶和智能微凝胶的制备方法,通过功能化修饰改变水凝胶的亲水性和疏水性,得到响应速度、力学性能、消溶胀和透光性等各异的水凝胶。智能水凝胶在刺激源下具有不同的亲疏水性、收缩溶胀性和体积各异性,因此在生物传感器、荧光信号放大、可视化检测、样品分离和SERS基底等分离分析中有重要应用。智能水凝胶因其性能独特得到人们关注,但该类水凝胶固有的响应速度慢、力学性能差和难降解性等问题限制了其在众多领域的实际应用。因此,未来将围绕智能水凝胶的结构改性及性能研究开展深入研究,开发实用型产品,制备出快速响应、高力学性能、高柔韧性和降解性可调的智能柔性材料。

第六节　水凝胶作为软质隐形眼镜材料的应用

随着科学技术的发展,隐形眼镜的研究也取得了突破性进展,把水凝胶作为隐形眼镜材料,已经成为隐形眼镜发展的主要方向。水凝胶材料制作的隐形眼镜,柔软度高、更加舒适,能够缓解佩戴者的视觉疲劳,对眼睛的伤害性小。目前,水凝胶制作的软质隐形眼镜正朝着抛弃型方向发展。

如今的高科技产品在使用过程中都会产生各种各样的辐射,其中以手机对人们的影响最为严重。中国是一个人口大国,自改革开放以来中国在世界上的活跃度就越来越高,据不完全统计当前中国基本实现了平均每人一部手机。手机的影响力越来越大,它也成为很多人近视的重要原因。为了满足近视人群的需求,我国已经投入了大量人力、物力致力于眼镜的研究工作。眼睛是心灵的窗户,必须采取一些必要措施来预防、治疗近视。隐形眼镜以其独特的功能正在取代部分传统眼镜，逐步占领眼镜市场。同普通眼镜相比，隐形眼镜美观，性价比高，并且受外界环境的影响低，在雨、雪天都可使用，特别是在吃饭时能够有效的避免普通眼镜带来的尴尬。

一、当前隐形眼镜的发展状况

目前我国眼镜的应用范围。随着各种高科技产品在人们生产生活中的广泛应用，人眼睛的"脆弱度"也越来越高。当前社会中一些重要工作都离不开电脑的帮助，人们在工作中长时间使用电脑，造成极大的眼疲劳。从某种意义上来讲，眼睛只有在闭上，特别是处于睡眠状态下，才是真正的休息。一天中的大部分时间，眼睛都在发挥着重要的作用，它接纳各种事物，应接不暇。在经过长时间看书、看电脑后没有适当的休息，就会造成视力的下降，最终发展成近视眼。据统计，目前大学生中近视眼学生的数量占绝大多数。随着近视眼人群的增多，眼镜的市场也越来越大。我国人口众多，在科教兴国战略提出后，知识分子数量在不断增多，同时近视眼的人群范围也在不断扩大。可以说眼镜在人们的生产生活中扮演了重要的角色，它协助人们完成各种各样的工作，给人们带来舒适和方便。

隐形眼镜带来的福利。随着技术发展和人们生活水平的提高，人们对眼镜的要求也越来越高。眼镜从某种意义上来讲已经不仅仅是工具，人们在要求其发挥主要作用的同时还要求它具备保护眼睛、提高美观度的功能。在传统眼镜的美观及方便度都需要改进的情况下，隐形眼镜应运而生。它在传承了传统眼镜基本功能的基础上，具备了自身的特点，它的美观度高，能够治疗近视以及一些色盲症患者，且不受框架的限制，始终能跟随眼球转动，保持与正常人相同的开阔视野。随着对眼镜需求量的加大，眼镜产业已经成为市场上的热门产业。针对当前近视眼人数增多的现状，我国已经投入了大量的人力、物力进行眼镜的研究工作。

二、水凝胶作为软质隐形眼镜材料的应用

应用于隐形眼镜的水凝胶材料特点。专家学者通过大量的研究和试验，发现水凝胶制作的软质地隐形眼镜比之前硬度较高的隐形眼镜性能更好。水凝胶材料制作的隐形眼镜，柔软度高、更加舒适，能够缓解佩戴者的视觉疲劳，对眼角膜的伤害小。从目前隐形眼镜的发展情况来看，软凝胶是软质隐形眼镜材料应用的主流。隐形眼镜在使用时要置于眼内，和眼角膜有直接的接触，因此，软质地隐形眼镜在各方面都要达到相当高的要求。这种材料必须具备比较好的光学性、弹性和透氧度。

优良的光学性能。隐形眼镜同传统眼镜的佩戴方式不同，从一定程度上来讲隐形眼镜的制作材料要求严格，因此应用水凝胶材料的软质地隐形眼镜透光性能更好，我国对于软质地隐形眼镜透光率有明确的规定，透光率不能低于其规定下限。

透氧度高。眼睛是身体的一个特殊器官，眼角膜上不具备血管，不能依靠血液来给予

其所需氧气，因此眼睛所需的氧气只能通过直接和空气接触来获取。而隐形眼镜从一定程度上会降低眼睛从空气中获取的氧气量，为了确保眼睛安全，隐形眼镜必须具备超强的透氧度。软凝胶材料制作的软质地隐形眼镜在透氧性方面有相当高的保障。

· 弹性好。眼睛是一个敏感的器官，因此隐形眼镜的舒适度要高。水凝胶制作的软质地隐形眼镜弹性功能强、佩戴舒适，能够直接贴合眼球，更加轻薄。

未来软质隐形眼镜的发展。随着各种高技术产业的发展，软质隐形眼镜技术也越来越成熟。隐形眼镜在佩戴前要经过消毒，才能使用。为了节省掉使用者用前消毒这一环节，一些西方国家推行了抛弃型隐形眼镜。这种隐形眼镜有效的避免了因清洁工做不到位而给眼睛带来的危害。目前水凝胶的软质隐形眼镜正朝着抛弃型方向发展。

眼睛是人类获取信息、看世界的重要窗口，隐形眼镜为我们带来了更加清晰的视觉效果和更加宽阔的视野。当前隐形眼镜不仅被应用于矫正视力，还被应用于美容等行业。随着科技的发展，人们需求的增多，水凝胶软质地隐形眼镜在未来眼镜市场上会更受欢迎。

参考文献

[1] 殷俊，陈朝霞，艾书伦，等．智能型水凝胶的研究进展 [J]. 粘接，2013（6）：68-73.

[2] 陆晨，查刘生．智能纳米水凝胶的刺激响应性研究进展 [J]. 功能高分子学报，2012，25（2）：211-220.

[3] 钟大根，刘宗华，左琴华，等．智能水凝胶在药物控释系统的应用及研究进展 [J]. 材料导报 A，2012，26（6）：83-88.

[4] 王园．聚丙烯酸水凝胶对离子液体和阳离子表面活性剂的吸附热力学和动力学研究 [D]. 江苏：江苏大学，2012.

[5] 廖谦．聚丙烯酸纳米水凝胶原位包覆超顺磁性四氧化三铁纳米粒子的制备与研究 [D]. 上海：东华大学，2013.

[6] 韦尉宁．聚丙烯酸钠—壳聚糖—淀粉凝胶材料及其性能研究 [D]. 南宁：广西大学，2009.

[7] 谢奕明．膨润土 / 聚丙烯酸钠超吸水性复合材料的合成和导电水凝胶研究 [D]. 泉州：华侨大学，2005.

[8] 韦尉宁．聚丙烯酸钠 - 壳聚糖 - 淀粉凝胶材料及其性能研究 [D]. 泉州：华侨大学，2005.

[9] 刘婷，林海，但卫华．胶原 - 聚乙烯醇水凝胶溶胀特性的研究 [J]. 中国皮革，2011（21）．

[10] 查刘生，刘紫微．生物分子识别响应性水凝胶及其智能给药系统 [J]. 智能系统学报，2007（06）．

[11] 李鹏程，胡旺辉，张丽，陈万煜．微流控技术制备超分子水凝胶载药微球及其释药性能研究 [J]. 中国科技论文，2016（16）．

[12] 李霏霏，张娜．纳米凝胶载体系统的研究进展 [J]. 中国药学杂志，2016（03）．

[13] 王笃政，孙祥冰，徐宴钧，张红富．智能水凝胶的研究现状 [J]. 化工中间体，2011（12）．

[14] 廖列文，肖林飞，岳航勃，龚涛．AM/DMDAAC 共聚水凝胶的电场敏感性能 [J]. 科技导报，2011（31）．

[15] 姚新建, 石君辉, 张保东, 张建夫, 詹秀环. 丙烯酰胺水凝胶的光合成研究 [J]. 安徽农业科学, 2009(01).

[16] 金淑萍, 柳明珠, 陈世兰, 卞凤玲, 陈勇, 王斌, 詹发禄, 刘守信. 智能高分子及水凝胶的响应性及其应用 [J]. 物理化学学报, 2007(03).

[17] 易苏, 焦延平, 陈建芳, 谭征. 不同方法合成聚乙烯醇水凝胶性能研究 [J]. 湖南工程学院学报（自然科学版）, 2014(02).

[18] 孙健翔, 谭佩欣, 冯小丽, 容建华. 高韧性 ALG-Ca/PAM 双网络水凝胶的制备与表征 [J]. 四川大学学报（自然科学版）, 2015(03).

[19] 谢松岩, 周芳名, 刘懿霆, 兰雪荧. 温敏型水凝胶的制备及溶胀特性 [J]. 当代化工, 2015(04).

[20] 杨连利, 梁国正. 水凝胶在医学领域的热点研究及应用 [J]. 材料导报, 2007(02).

[21] 黄玉萍, 张丽华. 敏感性水凝胶的合成及响应原理 [J]. 胶体与聚合物, 2009(01).

[22] 崔英德, 黎新明. PVP 水凝胶的应用与制备研究进展 [J]. 化工科技, 2002(02).

[23] 刘文广, 姚康德, 戚务勤. 水凝胶研究的最新进展 [J]. 高分子材料科学与工程, 2002(05).